AGRICULTRICE, UNE VIE À PART

DU MÊME AUTEUR

Camille Beaurain

Tu m'as laissée en vie : suicide paysan, veuve à vingt-quatre ans, cherche midi, 2019

Antonio Rodriguez (en tant que co-auteur)

Les Larmes de ma vigne, avec Denis Pommier, cherche midi, 2020
L'Appel des sirènes, avec Romain Comte, cherche midi, 2019

CAMILLE BEAURAIN
ANTONIO RODRIGUEZ

AGRICULTRICE, UNE VIE À PART

Robert
Laffont

92 avenue de France – 75013 Paris
ISBN 978-2-221-25311-3
Dépôt légal : mars 2021

À mon mari, ma plus belle étoile

À Louis et Lison

Dans le grand silence des campagnes
C'est dedans que tout a changé
Dehors ce sont les mêmes arbres
La même odeur de foin l'été

Dominique A

Le paradis perdu
(1)

Dès que je ferme les yeux, elle reprend vie. Le brise-vent me chuchote des mots dans son langage, celui qu'elle m'a enseigné sans relâche, jour après jour, sans que j'en prenne conscience. Son message est clair. Comme autrefois, elle me prévient de l'arrivée imminente d'une averse de la baie de Somme voisine par le truchement du murmure des peupliers. En quelques secondes, les images me reviennent à la mémoire. D'abord, je sors précipitamment de la longère, pieds nus, pour rentrer le linge. Ensuite, je traverse la cour à cloche-pied en enfilant mes bottes pour aider au plus vite Augustin à mettre à l'abri le blé moissonné. Le bruissement des peupliers donnait l'alerte. Ces arbres élancés nous protégeaient comme une citadelle avancée depuis que l'homme s'était installé sur ce plateau surélevé aux terres fertiles, nettement moins humides que celles en contrebas dans la vallée. Une enclave au milieu des champs. Une île posée sur un océan de blé. Elle, la ferme d'Augustin, puis la nôtre, et maintenant plus qu'un *no man's land*.

Mais aujourd'hui, je ne cours après aucune urgence. Immobile au milieu de la cour, je ne dirais pas que l'air du large caresse mon visage, tant il est glacial, mais il a le mérite de garder mes sens en éveil. Je suis aux aguets, à la recherche d'autres signes de vie, les cheveux soulevés par le vent qui tourbillonne autour de moi. La ferme ne peut pas me laisser plantée là, après m'avoir fait comprendre que son cœur battait encore. J'ai besoin d'autres preuves de vie.

Ah, la revoici. Je la reconnaîtrais parmi tant d'autres. Elle m'a accompagnée chaque jour pendant dix ans sans jamais me lâcher. Elle s'est certes atténuée depuis le départ des bêtes, mais des dizaines d'années seront nécessaires pour faire oublier que des cochons ont vécu par milliers en ces lieux. L'odeur de l'exploitation est immortelle.

Je garde les yeux clos pour qu'elle me parle encore. Je me concentre en serrant les dents. Rien à faire. La ferme reste muette. Peut-être craint-elle d'en avoir déjà trop dit ? Soudain, un aboiement. J'ouvre les yeux pour découvrir Largo, mon beau labrador noir, qui poursuit un chat égaré. Le charme est brutalement rompu, la connexion avec elle irrémédiablement interrompue. Autour de moi, rien n'a changé. Le temps s'est à peine écoulé. Mais sans Augustin, plus rien n'est pareil.

Boum ! La porte en bois de la porcherie claque lourdement, comme si le vent tentait désespérément de rétablir le contact entre la ferme et moi. Largo, revenu à mes pieds, reste figé, probablement dans l'attente du couinement aigu de l'un de ces quadrupèdes malodorants qui le privait autrefois de notre compagnie pendant de longues heures. Au bout d'un silence sans fin, il tourne sa tête vers moi, le regard désemparé par l'absence de vie. La ferme ne veut plus me parler. Il n'y a guère que le brise-vent qui s'exprime encore. Son bruissement redouble de puissance, mais je n'en ai rien à cirer de la pluie qui s'approche.

Une autre rafale soulève les feuilles de couleur rouille amassées contre le mur blanc de la porcherie. Elles virevoltent à mi-hauteur. Certaines échouent sur le capot de la voiture que j'ai laissée au milieu de la cour à mon arrivée, incapable d'aller plus loin. Comme si j'avais été paralysée par le passé qui m'attendait au tournant lorsque je me suis engagée sur le chemin qui pénètre dans le corps de ferme. À cet instant précis, la voix de Louane a retenti dans la voiture. « Une chanson qui fait revivre un souvenir. » Le hasard ne fait pas toujours bien les choses. Il fait mal aussi. J'ai coupé le moteur et j'ai fredonné avec Louane des paroles que je connais par cœur pour avoir choisi ce titre pour les obsèques d'Augustin. Le visage blotti dans mes bras posés sur le volant, j'ai éclaté en sanglots… jusqu'à ce qu'une coupure publicitaire me ramène brutalement au présent toujours en deuil.

Avant même de la retrouver, j'avais déjà eu un méchant coup de blues qui aurait dû m'inciter à rebrousser chemin, lorsque j'ai repéré de la route un tracteur qui préparait les semis sur une parcelle qui jouxte le cimetière. L'agriculteur mettait les bouchées doubles afin de terminer le travail avant que la pluie ne commence à tomber. Je l'ai contemplé avec envie. Comment aurais-je pu me douter qu'un jour je serais nostalgique de ces temps où la nature nous imposait son rythme ?

Le ciel est bas. Lassée par tant de grisaille, je suis tentée de remonter dans ma voiture pour fuir le passé, mais Largo n'en fait qu'à sa tête et se précipite vers la longère. Il renifle le pas de la porte. Il retrouve ses aises. Il connaît la ferme par cœur pour y avoir grandi. Je le suis sans conviction, me courbant à chaque pas pour arracher des mauvaises herbes d'un coup sec en les prenant à la racine. Un ancien réflexe qui revient naturellement. J'ignore si c'est rassurant. Le brise-vent sonne à nouveau l'alarme. Je redresse la tête. La pluie ne tardera plus. Et alors ?

Les volets de la longère sont fermés. Le cœur serré, je longe le bâtiment en laissant traîner ma main droite sur la façade. Qui pourrait imaginer que l'amour a fleuri entre ces quatre murs décrépis ? Il n'en reste aucune trace. Envolés, nos bisous sous le porche à l'abri d'une averse. Disparus, nos câlins lorsque nous nous entrelacions sur le canapé du salon en regardant un bon film. Cette ferme était notre Éden. Nous étions alors tous deux convaincus que notre amour serait éternel.

Peu m'importe si la ferme refuse de me parler. Les objets que je retrouve nouent un court dialogue avec moi, en catimini. Devant la buanderie, la grosse paire de bottes en caoutchouc me rappelle que je les enfilais chaque matin au saut du lit avant d'entamer ma journée de travail. Ah, que j'aimerais entendre à nouveau les « iiiiiiiiiiii » stridents des porcs qui déchiraient mes tympans quand ils se mettaient à crier famine tous en chœur dès qu'ils entendaient le grincement de la porte de la porcherie ! Comment aurais-je pu me douter que je regretterais leurs cris à ce point ? Aujourd'hui, si je me bouche les oreilles, c'est pour ne plus entendre le silence qui s'est emparé de la ferme depuis qu'ils sont tous partis à l'abattoir.

Et leur odeur ! Elle me manque à un point qui échappe à tout entendement. Il y a des jours où j'aimerais tant puer comme autrefois, sentir la ferme, le cochon, le fumier. Cette pestilence qui émanait des fenêtres entrouvertes de la porcherie en été, qui m'avait tant dégoûtée la première fois que j'avais mis les pieds à la ferme. La même qui avait contraint ma mère et ma sœur à se pincer le nez pour ne pas défaillir lorsqu'elles avaient découvert ma nouvelle demeure. Celle aussi qui forçait les automobilistes à fermer précipitamment leurs fenêtres lorsqu'ils passaient sur la route voisine. Depuis que j'ai quitté les lieux, je l'avoue sans aucune gêne, j'éprouve chaque soir la même déception de retrouver l'odeur du parfum que je me suis vaporisé le matin dans le cou.

Le gravier crisse sous mes pas tandis que je contourne la longère derrière Largo. De loin, je devine les gros pneus de la moissonneuse-batteuse garée dans le hangar au bout de l'exploitation, juste avant les champs. Je l'entends pétarader. Je la vois cracher une épaisse fumée noire. Je me souviens du plus beau moment de l'année, quand arrivait l'été et que nous commencions les moissons. Les grands éclats de rire avec Augustin au milieu de la nuit, après avoir déchargé une dernière remorque pleine à ras bord d'orge, juste avant que la pluie ne commence à tomber, pour ne plus s'arrêter pendant plusieurs jours. Qu'est-ce que l'on a pu transpirer sous le soleil, pendant cette période qui évoque les vacances pour tant de Français !

Avec le recul, je me rends compte à quel point l'exploitation m'a... exploitée. Elle m'a réellement coupée du reste du monde pendant dix ans, comme si elle redoutait que je succombe aux charmes de ses rivales, à la douceur du farniente sur une plage méditerranéenne ou au confort de la vie urbaine. Elle était tellement possessive qu'elle ne m'accordait que quelques heures d'évasion par semaine. Elle sifflait rapidement la fin de la récréation. Les cochons à nourrir, une toiture à réparer, une parcelle à semer ou des tas de papiers administratifs à remplir. Il y avait toujours quelque chose à faire. J'ai pris dix ans… ferme. Mais je ne le regrette pas.

Au détour de la longère, je retrouve notre jardin secret. Il est méconnaissable. Il n'en subsiste que l'armature métallique de la serre qui abritait nos tomates abondantes. La bâche en plastique a été retirée. La végétation reprend peu à peu ses droits. Elle efface notre passé.

Largo m'attend au pied du portail au fond du jardin, comme autrefois. Derrière lui, j'avance à pas feutrés par respect pour le maître des lieux, le chêne centenaire qui se dresse devant moi, toujours aussi majestueux en dépit des feuilles déjà perdues cet automne. Il est l'âme de la ferme.

La pluie redouble d'intensité. Je me réfugie à son pied pour échapper aux gouttes glaciales qui coulent le long de mon cou. Je tremblote, le dos appuyé contre son tronc. Largo me rejoint, haletant comme un enfant qui retrouve son terrain de jeu. Ma main se balade sur l'écorce rugueuse du chêne. Je me rends compte de sa robustesse. À travers lui, je sens que j'appartiens moi aussi à cette terre ingrate qui m'a tant donné et qui m'a pris ce que j'avais de plus précieux.

Une éclaircie se profile à l'horizon. Assise au pied du chêne, je prends conscience qu'il n'y a que moi qui détienne les mots pour délivrer les secrets que la ferme emprisonne dans son silence. Grâce à ma mémoire complice, ils s'évaderont.

Le coup de foudre

La première fois que je suis entrée dans la ferme, c'était lors d'une belle nuit étoilée de printemps. Comme un passager clandestin qui s'embarquait pour une longue traversée vers l'inconnu, je me suis faufilée dans la pénombre. J'étais sur mes gardes. Dès qu'Augustin a coupé le moteur de la voiture, je me suis enfoncée dans mon siège pour échapper au regard du rottweiler qui jappait depuis qu'il avait reconnu l'Alfa de son maître.

Tandis que j'attendais le signal d'Augustin pour sortir de la voiture, j'avais l'impression que je m'apprêtais à pénétrer dans un lieu ultrasécurisé, comme le coffre-fort d'une banque ou une base secrète. Il y régnait une ambiance mystérieuse, à la fois angoissante et grisante. L'opération d'infiltration commencée quelques heures plus tôt à Montreuil-sur-Mer était sur le point d'aboutir.

Bien avant la tombée de la nuit, Augustin m'avait retrouvée dans ma ville. Qu'est-ce que j'étais heureuse de monter dans son Alfa noire aux intérieurs en cuir rouge ! Il faisait rugir le moteur pour impressionner la petite citadine que j'étais alors. Je n'avais que 15 ans. Lui, sept années de plus au compteur. Nous étions sur le point de passer notre premier week-end en amoureux sur sa petite île, cette ferme dont il m'avait tant parlé au cours des week-ends précédents, au point que je croyais la connaître dans les moindres détails. Je faisais erreur. Rien ne pouvait me préparer à ce que je m'apprêtais à découvrir.

Au-delà de la ferme et de ses petits cochons roses, dignes d'un conte de fées, je me réjouissais surtout de passer un week-end entier avec Augustin sans redouter l'instant crucial où il jetterait négligemment un coup d'œil sur sa montre et qu'il dirait : « Houlà, il faut que je rentre nourrir les porcs. » Depuis que je sortais avec lui, j'avais appris que rien ne pouvait le retenir à mes côtés dans ces moments-là. La sentence était irrévocable. Il m'embrassait, refermait sa veste en cuir et rentrait à la maison comme un héros de western solitaire en écrasant un mégot de cigarette avec ses santiags. J'étais jalouse de cette ferme qui me volait des instants précieux avec lui.

Mais ce vendredi-là, je savais que j'aurais droit à quarante-huit heures dans ses bras, pratiquement sans interruption. Je partais « à la campagne », comme disent avec un air de supériorité les citadins à leurs voisins tandis qu'ils déposent leurs affaires dans le coffre de leur SUV. Le temps d'un week-end, j'abandonnais Montreuil pour la campagne, le béton pour les bottes de foin, ma chambre pour les bras d'Augustin.

Il était en retard. Pour que la ferme ne perturbe pas le bon déroulement de notre soirée, il avait choisi de nourrir les cochons avant de me retrouver. Tandis que je tournais en rond en l'attendant, je ne me doutais pas que j'allais vivre ma propre saison de « L'amour est dans le pré ». Je ne prêtais guère attention à ces agriculteurs en mal d'amour qui recherchaient des femmes citadines pour vivre avec elles une idylle dans une ferme perdue dans la cambrousse. Je ne comprenais pas plus le romantisme de ces filles prêtes à marcher dans des bouses de vache, à monter sur un tracteur pour épandre du purin pestilentiel ou à vendre des fromages de chèvre au marché du village le samedi matin. J'ignorais que je me retrouverais bientôt, comme elles, à plonger mes mains dans le lisier pour récupérer un porcelet. Mais il n'y aurait pas de caméra, que mes mots pour en témoigner.

Dans ma petite ville de 2000 habitants, la campagne n'était pourtant pas si éloignée que ça. Les champs atteignaient les pieds des fortifications, comme la mer qui se heurte aux rochers au pied d'un phare. À l'école primaire, je jouais avec les enfants des fermes environnantes. Ils se vantaient de savoir traire les vaches à la main ou de conduire un tracteur.

Je n'ai jamais succombé au charme de l'un d'entre eux. Mais avec Augustin, c'était différent. Dès le premier regard, ce fut le coup de foudre.

Il est vrai que celui qui deviendrait mon époux ne correspondait pas à l'image que je me faisais d'un agriculteur. Je me souviens très bien de la première fois que je l'ai rencontré. Il portait une chemise bleue assortie à son jean, sous un perfecto noir. Une tenue impeccablement soignée dans tous les détails. Je m'arrêtai pour l'observer de loin. Il se dandinait d'un pied sur l'autre, manifestement impatient de connaître la fille avec laquelle il avait rendez-vous. Il était tellement touchant avec son bandana rouge noué autour du cou, comme son idole Renaud !

Au cours de cette première soirée, je découvris que ses yeux bleu gris s'éclaircissaient lorsqu'il était heureux. Il était si beau ! J'avais fait sa connaissance sur un site de rencontre sans savoir rien, ou presque, sur lui. Nous étions un couple de l'ère du numérique.

Une semaine avant ma découverte de la ferme, à l'occasion de la première communion de ma cousine, Augustin avait rejoint le cortège de voitures entre l'église et le restaurant au volant de son Alfa. Il précédait le véhicule de mon frère où j'avais pris place. On devinait tout juste le haut de sa tête qui dépassait de l'appuie-tête – il était à peine plus grand que moi. Mon frère s'était moqué de lui, il se demandait s'il y avait un pilote dans l'Alfa. J'avais ri de bon cœur, j'étais tellement heureuse de le présenter pour la première fois à ma famille !

Après le banquet, j'avais réussi à obtenir de ma mère l'autorisation de passer le week-end suivant chez Augustin : j'étais l'heureuse gagnante d'un séjour à la ferme !

Pour ce rendez-vous en terre inconnue, je n'avais pas prévu grand-chose. Je partais à l'aventure avec un petit flacon de parfum, ma brosse à dents, un long tee-shirt en guise de pyjama, un tube de dentifrice ainsi que d'encombrants et inutiles cours de maths que je n'avais guère l'intention d'ouvrir.

En début de soirée, Augustin me retrouva enfin. Nous croquâmes un morceau sur une terrasse du centre. C'était une belle soirée de mai avec ses parfums de roses qui flottaient dans l'air. Il aurait pu m'emmener au bout du monde, je l'aurais suivi. J'étais follement amoureuse.

Nous roulions depuis un peu moins d'une heure, lorsqu'Augustin ralentit avant la traversée d'un petit village endormi. Juste avant d'en sortir, il mit le clignotant pour tourner à droite. Sa main effleura la mienne en rétrogradant.

— Nous sommes presque arrivés, commenta-t-il en s'engageant sur une route de campagne étroite, comme pour me rassurer.

Peut-être avait-il perçu de l'inquiétude dans mon regard. Dans le rétroviseur, je distinguais les lumières du village qui s'éloignaient. Mais devant nous, dans le halo des phares, il n'y avait guère que la chaussée craquelée d'une route de campagne, seule trace visible d'une présence humaine dans les parages et, au-dessus, la Grande Ourse qui brillait dans le ciel dégagé. J'ai poussé un cri au moment où Augustin a appuyé brutalement sur les freins. J'ai à peine eu le temps d'apercevoir dans la lumière des phares un renard au poil roux qui avait surgi de la nuit sur notre droite.

À partir de cet instant, Augustin resta en seconde pour ce qu'il appela « la phase d'approche ». Il roula au ralenti, non par crainte de croiser un autre animal dans l'obscurité, mais pour passer le plus possible inaperçu. Qui donc pouvait nous surveiller dans un endroit aussi perdu ? La route était déserte. Nous longions des champs clôturés par des fils de fer qui brillaient à la lumière des phares. Au sortir d'un léger virage, une maison apparut sur la gauche de la route.

— C'est ici ?

Augustin répondit non de la tête et pointa son doigt vers la droite. Je n'ai d'abord rien vu. Puis j'ai deviné les ombres obscures de grands arbres qui se dessinaient à l'horizon sous un léger clair de lune. C'était le brise-vent. Au premier plan, je distinguai soudain un bâtiment blanc dans la lumière des phares.

— Alors, c'est là ! m'écriai-je pour masquer l'angoisse qui me nouait l'estomac.

Je réalisai à quel point la nuit était sombre et silencieuse. J'aurais pu crier sans que personne ne m'entende. Et si j'ouvrais la portière pour prendre la fuite, je ne saurais dans quelle direction m'enfuir.

Tandis que nous longions pratiquement au pas les murs de l'exploitation, je me suis demandé ce que je faisais au milieu de nulle part, avec un garçon dont j'ignorais tant de choses.

Augustin porta son index devant sa bouche pour me demander de faire silence. Il éteignit aussitôt les phares pour ne laisser que les feux de position allumés comme s'il avait l'intention d'échapper à la surveillance d'un poste de contrôle. Il ne vivait pas complètement seul. Ses grands-parents habitaient un pavillon moderne construit sur le bord de la route, juste à l'entrée du corps de ferme, tel un poste de sentinelle. C'était leur sommeil qu'Augustin ne souhaitait pas troubler à notre arrivée. Personne ne devait détecter une intrusion féminine dans ce monde d'hommes qu'était l'agriculture.

Quand Augustin commença à tourner lentement à droite sous la lumière pâle d'un réverbère qui le guidait comme un phare pour rentrer à son port d'attache, je me suis faite toute petite sur mon siège. Nous sommes passés sous les fenêtres des grands-parents sans éveiller le moindre soupçon.

Augustin avait tout prévu : il contourna la longère pour se garer à l'abri des regards et se chargea de désactiver le second *check-point*, celui d'Ugo, le rottweiler qui surveillait férocement les va-et-vient dans l'exploitation.

Quelques instants plus tard, la lampe du salon éclaira l'une des fenêtres d'une lumière à la fois tamisée et chaleureuse. La silhouette d'Augustin se dessina à contre-jour sur le pas de la porte. Il me fit un signe de la main. La voie était libre.

Lorsque je me réveillai, je cherchai d'abord à tâtons le corps d'Augustin. Comme mes mains ne trouvèrent rien d'autre que son oreiller plié en deux, j'ouvris les yeux. Il n'était plus à mes côtés. J'eus besoin de quelques secondes pour rembobiner les souvenirs de cette première nuit. Ah oui, c'est vrai. Juste avant qu'il n'éteigne la lampe de chevet et que je ne m'endorme la tête posée sur sa poitrine, il m'avait soufflé qu'il devait se lever tôt. Il craignait qu'une truie n'ait mis bas avant l'aube. Je n'avais pas vraiment compris de quoi il me parlait et encore moins l'urgence de se lever aux aurores pour un animal qui tôt ou tard passerait à la casserole. Tant et si bien que lorsque son téléphone vibra sur la table de nuit, que je constatai d'un œil à moitié ouvert que la chambre était toujours plongée dans l'obscurité, je ne me suis pas du tout sentie concernée par ce qui se passait autour de moi. Je me retournai et plongeai mon visage sous l'oreiller pour retrouver mon sommeil.

Quelques heures plus tard, quand j'ouvris les yeux, je n'ai pas détecté le moindre bruit. Les volets fermés laissaient passer quelques rais de lumière qui éclairaient à peine la chambre. En me levant, je trébuchai sur les baskets que j'avais laissées au pied du lit. Pour ne pas perdre l'équilibre, j'appuyai ma main contre le mur et découvris qu'il était couvert d'une épaisse moquette beige jusqu'au plafond. Dans la pénombre, je pris conscience que cette chambre était complètement calfeutrée. Un petit cocon chaleureux. Où avais-je donc la tête la veille pour n'avoir rien remarqué ?

Par mégarde, j'ouvris la porte de la pièce contiguë. Je fus aussitôt éblouie par la lumière intense que laissaient passer les fenêtres, dont les volets étaient ouverts. Je me frottai les yeux. Je me trouvais dans la chambre qui avait été celle des parents d'Augustin avant le décès de son père et le départ de sa mère. Je souris en découvrant qu'elle était aussi couverte de moquette jusqu'au plafond, mais rose, comme les petits cochons en plastique qui décoraient la pièce. La ferme annonçait la couleur.

Je rebroussai chemin, me laissant guider cette fois-ci par mon instinct m'invitant à suivre l'odeur du café qui me parvenait par l'autre porte. Je pénétrai dans une pièce en enfilade, dans laquelle Augustin avait installé son bureau. Un bref coup d'œil me confirma que de gros travaux d'aménagement étaient indispensables pour que j'accepte de vivre un jour en ces lieux. Cette première impression se renforça lorsque je découvris la pièce à vivre : une grande salle aux murs jaunes décrépis, du même ton que les vieux rideaux, sans doute blancs à l'origine, qui pendaient aux fenêtres. Au sol, le carrelage rose foncé – encore ! – était posé sans cohérence aucune. Je comprenais pourquoi les grands-parents avaient préféré construire un pavillon avec toutes les commodités plutôt que de rénover cette vieille bicoque. Tout était à refaire, mais les travaux ne m'épouvantaient pas. Sans que j'en prenne conscience, à peine quelques heures après mon arrivée à la ferme, je m'y projetais déjà.

Je passai ma tête par le pas de la porte de la cuisine, qui abritait aussi la salle de bains et les toilettes. J'ai poursuivi mes repérages en laissant glisser ma main sur le mur en crépi. L'odeur du café était maintenant intense. C'est alors que je vis Augustin. Adossé au mur, il sirotait un café en suivant les informations sur un petit écran suspendu au mur face à lui.

À ma grande surprise, je ne l'ai pas vraiment reconnu. Son bleu de travail, une combinaison en jean, aux épaules jaunes et aux ourlets bleu ciel, dénotait complètement avec le style « cœur de rockeur » que je lui connaissais avant de le découvrir chez lui, à la ferme. Mon regard suivit le double zip qui descendait le long de ses jambes jusqu'à ses épaisses bottes noires. Aucun doute : mon amoureux était bien agriculteur. Une profession qu'il ne m'avait certes jamais cachée, mais qui prenait soudain tout son sens.

Augustin ne s'aperçut de ma présence que lorsque je le saluai avec un « bonjour » enthousiaste qui le fit tressaillir. Il s'empressa de retirer sa casquette dès que je m'approchai de lui pour l'embrasser.

— C'est ma tenue de tous les jours, me confia-t-il comme pour s'excuser.

Quand je portai mes lèvres sur les siennes, je n'ai pas retrouvé non plus le parfum musqué qui m'avait enivrée lorsqu'il m'avait rejointe à Montreuil. Son odeur était indescriptible, pour ne pas dire repoussante. Mon prince charmant était métamorphosé.

Soudain, il saisit mon bras d'un geste brusque, loin de l'homme affectueux et attentionné que j'avais rencontré. Comme la nuit antérieure à l'approche de la ferme, je réalisai qu'il ne me servait à rien de crier, personne ne viendrait à mon secours. Peu disposée à me laisser bousculer, je me dégageai.

— Qu'est-ce qui te prend ? lui reprochai-je, furieuse.

Sans prononcer un seul mot, il me montra du doigt la petite fenêtre qui se trouvait dans mon dos. Un coup d'œil me suffit pour repérer la maison des grands-parents. Les volets étaient grands ouverts. De la fenêtre de sa cuisine, la grand-mère avait une vue imprenable sur celle d'Augustin. Je compris alors son geste. Il m'avait protégée, comme il le ferait tant de fois par la suite.

Il m'accompagna jusqu'à l'autre fenêtre de la cuisine, beaucoup plus grande : je découvris enfin la ferme d'Augustin au grand jour. Le soleil était déjà très haut dans le ciel. Des champs de blé, encore verts, s'étendaient à perte de vue devant nous. Une légère brise les agitait par vagues successives. Mon regard s'attarda sur les deux vaches limousines qui paissaient au-delà de la clôture dans la parcelle voisine. J'avais bien cru entendre des meuglements pendant le sommeil, mais comme Augustin m'avait assuré qu'il n'élevait que des cochons, j'avais attribué ces cris à mon rêve de découvrir la campagne environnante.

— Ce sont les dernières vaches de l'exploitation, m'expliqua-t-il quand je l'interrogeai du regard.

Je poursuivis mon tour d'observation. Mes yeux s'arrêtèrent droit devant moi. Comment ne l'avais-je pas remarqué plus tôt ? Un chêne majestueux se dressait au milieu des champs, de l'autre côté de la clôture. Son feuillage printanier resplendissait sous le soleil. Je ne saurais expliquer pourquoi, mais sa seule présence m'apaisa. J'en oubliai l'angoisse d'être isolée, hors de portée des premiers secours.

— Il était déjà là quand mon grand-père a acheté la ferme, me murmura Augustin en se rapprochant de moi.

Il passa son bras autour de ma taille et je posai instinctivement ma tête sur son épaule.

— Lorsque j'aurai des enfants, j'y construirai une cabane pour eux.

J'ai alors imaginé nos gosses grimper au sommet de l'arbre, en se hissant sur une échelle en corde attachée à une grosse branche.

Ce chêne était plus âgé que la ferme. Il avait vu le grand-père s'y installer après la Seconde Guerre mondiale pour y élever des vaches. L'arbre avait contemplé les champs de céréales qui s'agrandissaient autour de lui, qui coloriaient le paysage d'ocre chaque été. Il avait aussi suivi la transformation de l'exploitation. Un bâtiment en L édifié le long de la route, qui avait d'abord hébergé des vaches qui broutaient jusqu'à ses pieds, avant d'accueillir à partir des années 1970 des cochons qui n'en sortaient plus. Rien n'avait échappé à cet arbre pendant trois générations. Peut-être avait-il même remarqué mon entrée discrète la veille.

Lorsque j'ouvris la fenêtre pour prendre un grand bol d'air fleurant bon la campagne, je ne pus m'empêcher de grimacer. Une odeur nauséabonde gâchait la vision idyllique du paysage qui s'étendait devant moi.

— Ça pue ! m'exclamai-je en faisant un pas en arrière comme si je redoutais les nuisances nocives d'un site Seveso situé à proximité.

Je me frottai nerveusement le nez dans la manche.

— Ce sont les cochons… m'expliqua Augustin en éclatant de rire.

Je reniflai sa combinaison.

— C'est la même ! m'écriai-je.

Je compris alors qu'il me serait impossible d'échapper à la présence des centaines de porcs qui logeaient dans le bâtiment voisin.

— Je m'y ferai, m'encourageai-je, bon gré, mal gré.

Car après l'odeur, un autre désagrément se fit entendre. Des hurlements stridents et angoissants qui brisaient régulièrement la quiétude des lieux.

— Ils ne sont pas discrets, les colocataires !

Le silence d'Augustin me fit comprendre que je n'avais d'autre choix que de cohabiter avec ce voisinage malodorant et bruyant. Bienvenue à la campagne !

Plus tard, quand nous passâmes à table, je constatai que la proximité des porcs n'avait pas que des inconvénients. Augustin avait allumé le feu pour le barbecue en début d'après-midi. L'odeur du charbon qui se consumait lentement atténua très vite celle de la porcherie. Il grilla d'abord de savoureuses chipolatas au maroilles et des merguez épicées qu'il coupa menu pour me les servir comme entrée. Puis il posa deux côtelettes sur le gril qu'il retourna rapidement pour qu'elles gardent toute leur saveur. Je n'avais jamais goûté une viande de porc aussi bonne.

En fin d'après-midi, tandis qu'Augustin nourrissait les bêtes, je fis quelques pas dans le jardin en prenant soin de ne pas entrer dans le champ de vision des grands-parents. J'arrachai de l'herbe pour nourrir les vaches à travers le grillage. Je cueillis quelques coquelicots. Il me sembla entendre le chant d'un coucou provenant des arbres qui encerclaient la ferme. Un affreux vacarme troubla soudainement cette tranquillité bucolique. J'eus besoin de quelques instants pour comprendre que les cochons saluaient à leur manière l'entrée d'Augustin à la porcherie pour leur donner le repas du soir.

Quand il me retrouva, il ne prit pas le temps d'enlever sa cotte. Je sus alors que le grand moment était proche. L'épreuve suprême du week-end, le concours d'entrée dans le monde de mon amoureux. Celui où il me présenterait les quelque 200 cochons dont il était si fier. Je n'avais pas le droit à l'échec. Tout au long de la journée, je m'étais préparée à l'idée de rencontrer des centaines de gorets puants qui couineraient en enfonçant leurs groins dans le lisier. Moralement, je me sentais prête. Mais avant que mes capacités d'adaptation à la ferme ne soient mises à l'épreuve, je devais patienter jusqu'à la tombée de la nuit. Une fois encore…

Augustin consultait avec impatience l'heure sur son portable, n'accordant qu'un intérêt distrait au coucher de soleil sur les champs dont la splendeur m'émerveillait. Il prenait son téléphone et le reposait frénétiquement sur la table presque à chaque minute, comme s'il avait mis en route son propre compte à rebours. Après le barbecue, la température chuta d'un coup sous l'effet d'un vent du nord qui redoubla de force. Nous nous sommes repliés dans la cuisine, le QG d'où Augustin dirigeait les opérations. Appuyée contre la grande fenêtre, je contemplais le ciel écarlate en tenant une tasse de thé à deux mains pendant qu'Augustin, vissé à son téléphone, maugréait :

— Mais qu'est-ce qu'ils font ?

Soudain, un léger bruit métallique se fit entendre, qui m'aurait paru anodin si Augustin ne s'était pas immobilisé au milieu de la cuisine, l'index droit levé pour attirer mon attention. C'était le signal de départ, enfin ! Il s'approcha aussitôt de la petite fenêtre en collant son dos contre le mur comme un militaire lors d'une opération d'exfiltration. Il jeta un bref coup d'œil à travers la vitre.

— C'est bon ! La voie est dégagée !

Le grand-père avait fermé les volets de la cuisine après le repas du soir, mais plus tard qu'à son habitude, comme s'il avait profité lui aussi du magnifique crépuscule aux côtés de son épouse. À moins qu'il se soit méfié de quelque chose, qu'il ait remarqué le drôle de manège de son petit-fils, qu'il se soit dit qu'il n'y avait pas de fumée de barbecue sans invité et qu'il soit resté aux aguets jusqu'à ce que l'obscurité vienne à bout de sa mission de surveillance.

— À toi de jouer, m'encourageai-je.

À partir de cet instant, plus rien ne se passa comme prévu. Quand je chaussai mes petites baskets dont je n'avais pas défait les lacets, par habitude et par flemme, je sentis devant moi les yeux d'Augustin remonter de mes socquettes blanches jusqu'à la petite robe bleue qui m'arrivait juste au-dessus du genou. Je surpris son regard interloqué. Je baissai la tête à la recherche de la tache sur le devant de la robe qu'il désignait du doigt. Il n'y en avait pas. C'est alors que je compris ce qui le dérangeait : je n'étais pas en tenue pour m'aventurer dans une porcherie, mais alors pas du tout !

J'observai nos reflets dans la vitre. Le contraste entre la combinaison et les bottes épaisses d'Augustin et ma tenue était révélateur de ce qui opposait la vie quotidienne de l'agriculteur et la citadine partie en week-end sans se douter un seul instant qu'elle serait contrainte de marcher dans la gadoue. Un doux euphémisme pour ce qui prit rapidement l'allure d'une plongée en apnée dans une fosse à purin.

Dans le regard d'Augustin, je sentis ses doutes. Il songeait probablement à repousser la découverte de la porcherie au lendemain, au week-end suivant, ou peut-être même à jamais, tant il se rendait compte à quel point j'étais éloignée de son monde. « Mauvaise pioche », ai-je lu dans ses yeux. J'ignore le message qu'il découvrit dans les miens, mais ce dont je suis sûre, c'est qu'ils l'encouragèrent à reprendre le cours de l'opération. Si je n'étais pas la femme de sa vie, autant en avoir le cœur net tout de suite. Inutile de remettre la découverte de la porcherie à plus tard.

— Ça ne fait rien, conclut-il, me prenant par l'épaule pour rejoindre la porte de sortie.

Personne à droite du côté du hangar, personne à gauche devant le pavillon. Nous traversâmes la cour à pas de loup, passant discrètement sous les volets fermés de la maison des grands-parents. À notre arrivée devant la porte en bois de la porcherie, je posai mes mains sur les genoux et respirai profondément.

Mais dès qu'Augustin poussa la porte, je restai paralysée, incapable de faire un pas de plus. Ce n'était pas tant l'obscurité dans laquelle était plongée la porcherie ou même les grognements inquiétants des bêtes qui m'effrayaient, mais bien une odeur insoutenable d'excréments. Je suffoquais. Par politesse pour

Augustin, je résistai à la tentation de me pincer le nez comme à la piscine avant de sauter dans l'eau chlorée. Je fis tout mon possible pour qu'il ne se rende compte de rien. Quand il m'invita à le suivre d'un geste impatient de la main, je me suis retournée pour prendre un dernier bol d'air frais avant le grand plongeon. Go !

Pour cette première visite, Augustin avait choisi la partie de l'exploitation dont il était le plus fier. Celle qu'il appelait la maternité, l'espace où naissaient les petits porcelets. Il était persuadé que je serais touchée par ces adorables petites créatures roses, pleines de vie qui avaient tout juste vu le jour.

La veille, il m'avait annoncé qu'il y aurait sans doute des naissances pendant le week-end et m'avait présenté ces mises bas comme le temps fort de mon séjour. Mais il m'avait aussi prévenue que les truies pourraient perturber régulièrement nos moments en amoureux. Si l'une d'entre elles rencontrait des difficultés à l'heure de mettre au monde sa portée, il serait contraint de s'occuper d'elle et de me délaisser le temps qu'il le faudrait. Dès notre arrivée à l'exploitation, après m'avoir accueillie dans la longère, il s'était d'ailleurs absenté pour s'assurer qu'il n'y avait aucune urgence. Comme il s'attardait, je crus que la ferme sabotait notre première nuit d'amour. Je compris alors que pour aimer Augustin, je ne pouvais que m'adapter à son métier, pour ne pas dire l'adopter.

Ce n'était pas gagné, comme je m'en aperçus dès que je franchis la porte de la maternité. Augustin me fit signe de me rapprocher de la cage occupée par une truie qui avait donné naissance à une douzaine de porcelets en fin d'après-midi. Il avait posé ses deux mains sur le haut de la barrière et contemplait d'un air attendri un spectacle que je redoutais. Craintive, j'avançai dans sa direction sur la pointe des pieds pour ne pas faire de bruit. La porcherie était plongée dans le noir, à l'exception d'une lumière rouge qui jaillissait comme d'une fournaise de la cage où se trouvait Augustin. Je sentais une présence autour de moi. J'entendais la respiration des bêtes, parfois des grognements. Mais je ne discernais toujours pas l'ombre du moindre cochon.

— Les voilà ! murmura Augustin en me prenant la main pour que je m'approche.

Il observait les expressions de mon visage, s'attendant à ce que le spectacle m'émerveille, mais autant avouer tout de suite que je ne fus pas sensible au romantisme de la scène. Je fis tout mon possible pour garder les formes, mais le naturel revint vite au galop.

Dès que je penchai la tête au-dessus de la barrière, j'eus un haut-le-cœur. Sous la lumière rouge éclatante d'une lampe chauffante, je découvris un amas de chair immonde affalé sur le sol en caillebotis avec ses grilles qui m'évoquèrent des plaques d'égout. Elles étaient suffisamment larges pour laisser ruisseler l'urine et évacuer les excréments qui faisaient un plouf écœurant en tombant dans le lisier à l'étage en dessous. De la morve coulait des narines dilatées d'une truie de plusieurs centaines de kilos étendue sur le côté, ses grosses tétines roses à l'air. Les porcelets, à peine plus grands qu'une souris avec leur petite queue en tire-bouchon, grimpaient les uns sur les autres pour accéder au lait maternel. J'entendis d'abord les gargouillis, puis des pets sonores aux odeurs nauséeuses. Je blêmis lorsque la truie ouvrit les yeux et laissa échapper un long râle. Je sentis la bile remonter en moi, mais je tins bon. Ce qui a tout déclenché, c'est un détail qui m'avait échappé au premier coup d'œil. La délivrance qui gisait sur le sol. Le placenta visqueux et déchiré, déchiqueté par ces bêtes répugnantes, qui traînait encore à l'arrière de la truie au milieu des excréments. C'en était trop ! Je portai ma main à la bouche et me retournai. Accroupie dans le noir, saisie de spasmes, je vomis tout ce que j'avais dans le ventre. Je sentis le bras réconfortant d'Augustin se poser sur mes épaules. Il me murmura à l'oreille :

— Tu es bien une fille de la ville. On est mal barrés.

Le lendemain, il était hors de question que je passe la matinée à rêvasser. Dès que j'entendis le téléphone vibrer, je bondis hors du lit. Je n'avais pas été à la hauteur. Je devais me rattraper, me racheter, prouver à Augustin que j'étais capable de partager son cœur et son travail. Céline, ma sœur aînée, a l'habitude de dire de moi que je fonce quand j'ai une idée en tête. Ce matin-là, pendant que je prenais un café serré dans la cuisine, je n'avais ni l'intention de perdre l'amour de ma vie ni de raser les murs une deuxième journée consécutive pour échapper au regard inquisiteur des grands-parents.

Sans crainte des volets ouverts de la grand-mère, je m'aventurai dans la cour au grand jour, emboîtant le pas d'Augustin qui avait revêtu sa tenue de travail. Comme je n'avais pas de vêtements de rechange, je n'avais eu d'autre choix que d'enfiler ma robe bleue de la veille. Je sentis le dégoût remonter en moi lorsque son odeur écœurante me rappela mes mésaventures. L'envie me prit de courir aux toilettes pour vomir les quelques gouttes de café qui m'étaient restées en travers de la gorge. Mais j'oubliai la puanteur de la ferme en me concentrant sur mes baskets qui avaient perdu leur blancheur immaculée d'avant mon arrivée chez Augustin. Je m'appliquai à bien serrer les lacets. Ce dimanche matin, je n'étais plus la citadine de la veille. Augustin m'accordait une seconde chance. J'étais déterminée à la saisir, coûte que coûte.

Ni une, ni deux. Dès qu'il ouvrit la porte de la porcherie, je plongeai dans l'odeur des cochons comme si je me jetais dans les eaux glaciales de la Manche en plein hiver. D'un coup, je me retrouvai en immersion dans la maternité. L'ambiance était différente de celle de la veille. La lumière blafarde des néons éclairait l'intérieur de la porcherie. Je pris conscience aussitôt de l'immensité de l'exploitation et du nombre de bêtes qu'elle abritait. Dans la nuit, je m'étais crue seule aux côtés d'Augustin, auprès de la truie et de ses porcelets. Comment pouvais-je imaginer que j'étais encerclée par des centaines de porcs ? Des bêtes qui, dès qu'elles sentirent notre présence, se mirent à couiner de toutes leurs forces pour exiger leur repas du matin. Les truies donnèrent le *la*, pendant qu'Augustin faisait rapidement le tour des cases pour s'assurer qu'aucune autre n'avait mis bas pendant la nuit. Bientôt, elles reçurent le renfort des cochons à l'autre bout du bâtiment, dans la partie consacrée à l'engraissement. Les cris stridents redoublèrent de puissance. J'avais eu l'odeur la veille au réveil, l'image le soir, maintenant j'avais droit au son. Je fus tentée de me boucher les oreilles, mais je me repris aussitôt. Autant utiliser mes mains pour aider Augustin à satisfaire l'appétit de ses cochons.

Il me montra alors comment actionner le moulin. Dès qu'il le mit en marche, son boucan se joignit aux cris des cochons. Le vacarme était tellement intense que je ne saisis pas toutes les explications sur le contenu des seaux qu'Augustin préparait. Je compris qu'il mélangeait des céréales avec des minéraux et du soja, qu'il augmentait la dose habituelle pour donner des forces aux truies sur le point de mettre bas. Je me contentai de prendre les seaux les uns après les autres pour les déverser dans les nourrisseurs, en prenant garde à ne pas laisser traîner mes mains à portée du groin des bêtes. « Elles peuvent te bouffer avec leurs dents », m'avait-il prévenu en me tendant la première ration.

Au fur et à mesure que les truies furent rassasiées, le silence se fit à la maternité. Il y avait certes les autres cochons à l'autre bout du bâtiment qui continuaient d'exprimer bruyamment leur mécontentement d'avoir exceptionnellement perdu leur statut prioritaire. Augustin avait l'habitude de commencer par eux, car ils étaient plus nombreux et forcément plus bruyants que les truies quand ils se mettaient à réclamer ensemble leur gamelle. Mais ce matin-là, il avait fait une exception, à ma demande. Comme une cavalière désarçonnée par sa monture, j'avais souhaité revenir sur les lieux où j'avais défailli la veille et me remettre rapidement en selle, pour ne pas être dégoûtée des cochons à vie.

Je m'approchai de la cage où se trouvait la truie avec sa douzaine de porcelets. Elle était toujours vautrée sur le sol. Elle nourrissait paisiblement ses petits. Mais cette fois-ci, je ne sentis aucun dégoût. J'eus même l'impression que la mère m'observait du coin de l'œil, comme si elle m'avait reconnue. Je me surpris à sourire lorsqu'un porcelet se retrouva les quatre pattes en l'air, après avoir chuté du ventre de la truie qu'il avait gravi témérairement alors qu'elle était sur le point de se lever.

— Eh bien, ça a l'air d'aller mieux ! constata Augustin, sur un ton que j'interprétai comme admiratif.

Encouragée, je le suivis pendant qu'il effectuait sa tournée de la maternité afin de se faire une idée approximative des prochaines mises bas. Il entra dans les cases les unes après les autres, répétant à chaque fois les mêmes gestes. Il tâtait avec dextérité et prudence les tétines en tendant la main à travers les grilles de la cage. Il examinait de près la vulve à la recherche d'un indice annonciateur d'une prochaine mise bas. Entre deux cases, il m'expliqua cette curieuse règle de trois qui prévaut pour les truies : trois mois, trois semaines et trois jours de grossesse avant la naissance des porcelets. Celle de la veille avait pris un peu d'avance, mais les autres ne tarderaient plus à suivre.

— Je te raccompagnerai à la maison en milieu d'après-midi. Il faut que je sois de retour en début de soirée. La nuit promet d'être longue.

La ferme me faisait comprendre que je ne pouvais rivaliser avec elle.

À mon retour à Montreuil, à peine ai-je eu le temps de faire une bise à ma mère qu'elle exigea que je me change immédiatement. À ce moment-là, elle ne se doutait pas que ce parfum ne me lâcherait plus pendant dix ans. Pour être honnête, moi non plus.

Le week-end suivant, une paire de bottes flambant neuves m'attendait à mon arrivée à la ferme. Augustin avait fait un saut chez Gamm Vert dans la semaine afin de me procurer l'équipement rudimentaire pour me sentir à l'aise à la porcherie. De mon côté, j'avais pensé aux vêtements de rechange pour que l'odeur de porc ne me colle plus à la peau jusqu'à mon retour à la maison. J'avais tiré les enseignements de mon faux pas initial. Je n'étais déjà plus tout à fait une citadine.

Quand l'heure de rejoindre la porcherie arriva, Augustin me proposa l'une de ses combinaisons pour protéger mes habits. Je refusai d'un geste de la tête. J'ai toujours eu horreur de cette tenue, contrairement à lui qui ne s'en séparait que lorsqu'il quittait l'exploitation pour rejoindre ses amis ou me retrouver. Pour le travail à la ferme, j'avais tout prévu. Je passai un pull sur un tee-shirt et j'enfilai des leggings noirs. Cette tenue deviendrait la mienne à la ferme, mon uniforme de travail. Je passai ensuite à la salle de bains pour m'attacher les cheveux, une autre étape qui deviendrait la norme, même si Augustin n'appréciait guère que je porte une queue-de-cheval. Mais il m'était impossible de travailler dans la poussière de la porcherie en laissant traîner mes cheveux dans les sacs de céréales ou dans les nourrisseurs. Augustin dénicha une casquette dans un tiroir qu'il me tendit pour éviter que les farines ne les blanchissent. Avant de prendre le chemin de la maternité, je me regardai dans le miroir au-dessus du lavabo. Je me demandai si ma famille me reconnaîtrait dans cet accoutrement.

Tandis que je traversais la cour avec mes bottes qui crissaient sur le gravier, un rapide mouvement de rideau trahit la présence de la grand-mère derrière sa fenêtre. Je n'y prêtai guère attention, tant j'appréhendais les retrouvailles avec les truies. Pendant toute la semaine, je m'étais demandé comment je réagirais. Serais-je la fille urbaine qui avait vidé ses tripes de dégoût lors de la première visite ou la Camille forte et combative du lendemain ? Je revenais en deuxième semaine et je désirais retrouver mon courage du dimanche matin, mais je craignais que mon estomac ne me mette hors concours.

Pendant qu'Augustin nourrissait les porcs, je déambulai au milieu des cases à la découverte d'un monde dont j'ignorais tout.

Les cochons font partie de notre imaginaire. Dès notre enfance, ils apparaissent tout roses et adorables dans les contes de fées. Leurs visages ronds sourient sur les logos des boucheries ou sur les étiquettes des saucissons. Et puis, il y a cette ribambelle d'expressions qui font référence à eux dans le langage de tous les jours, du « sacré cochon ! » souvent admiratif au beaucoup plus péjoratif « sale porc », voire « cochon » tout court pour insulter un pervers. Mais je réalisais que ceux que j'avais devant moi n'avaient finalement aucun rapport avec les bêtes que je croyais connaître à force d'en avoir entendu parler, si ce n'est peut-être la saleté et l'odeur…

À ma grande surprise, les cochons étaient des animaux à la fois curieux et craintifs. Ils s'approchaient de moi, les oreilles dressées, les yeux grands ouverts. Ils remuaient leurs groins pour me renifler à une distance prudente. Dès que je faisais un geste, ils déguerpissaient aussitôt pour s'attrouper au fond de la case. Certains étaient tachetés, d'autres uniformément roses comme ceux en plastique qui décoraient la longère. Un goret me fit éclater de rire en faisant claquer ses oreilles sur son crâne lorsqu'il secoua sa tête. Je sursautai lorsque je sentis le groin d'un autre me frotter le dos. Il avait astucieusement hissé sa tête au-dessus de la barrière en appuyant ses deux pattes de devant sur le dos de l'un de ses collègues. Les bêtes avaient envie de jouer avec moi.

À la maternité, l'ambiance était plus apaisée que le week-end précédent. Les truies avaient toutes mis bas pendant la semaine. Une multitude de porcelets se trémoussaient entre leurs pattes. Ceux qui m'avaient dégoûtée avaient bien grandi. Ils m'ont même arraché un éclat de rire quand deux d'entre eux se sont percutés frontalement, sous mes yeux, en tentant d'attraper une tétine.

Ce qui n'avait pas changé, cependant, c'était l'odeur et les cris. J'hésitais entre me boucher les oreilles ou les narines, mais je résistais à la tentation, comme le dimanche précédent. Pour la puanteur, il n'y avait rien à faire. Il fallait que je m'y fasse. Pour les hurlements, que je traduisis très vite par « on a faim ! », il était indispensable que j'apprenne à faire taire les truies en leur apportant leur nourriture. J'avais vu Augustin préparer les sacs de 50 kilos à la mélangeuse la semaine précédente, mais je n'étais pas sûre de la quantité de minéraux et d'huile de soja que je devais ajouter aux céréales. Les truies durent se rendre compte que je ne leur étais d'aucune utilité, car elles renoncèrent petit à petit à leurs hurlements.

En revanche, sitôt qu'elles reconnurent les pas d'Augustin dans le couloir, elles lui firent une véritable standing ovation. Debout dans leurs cases, elles criaient plus fort encore et raclaient le sol avec leurs groins comme pour lui faire comprendre qu'il ne restait pas la moindre miette de la veille. Dès qu'il me rejoignit, il saisit un grand sac en jute de 50 kilos rempli de céréales, avec de l'huile de soja et des compléments alimentaires comme du potassium, du calcium ou du sel.

— Quand les truies allaitent, elles ont besoin de plus d'aliments pour nourrir les petits et éviter les maladies, m'apprit-il, en me tendant le seau pour que je nourrisse l'une des bêtes.

Nous répétâmes l'opération pour chacune des truies. Dès que le silence revint, je fis un nouveau tour de la maternité. La plupart des mamans s'étaient couchées, manquant parfois de peu d'écraser sous leur poids leurs progénitures. Je découvrais également le côté maternel des truies, de race youna, réputées pour l'attention qu'elles portent à leurs porcelets. Elles prenaient soin d'eux comme je ne l'aurais jamais imaginé de la part de bêtes aussi immondes. Elles les léchaient parfois avec une affection dont je ne les croyais pas capables. J'eus la tentation de les caresser en passant la main à travers la barrière, mais je me souvins des avertissements d'Augustin. Je me suis abstenue.

Sans que je m'en sois rendu compte, la matinée avait pris fin. Augustin s'approcha de moi, secoua mes cheveux pour enlever de la poussière et m'embrassa avec tendresse. La séance de rattrapage s'était bien passée.

Le soir, quand nous sommes retournés nourrir les bêtes, je le retins par le bras avant qu'il n'ouvre la porte en bois de la maternité et que le vacarme des cochons ne rende mes propos incompréhensibles.

— Montre-moi ce que je peux faire, lui demandai-je.

La ferme n'était pas un zoo pour moi, pas plus qu'un parc d'attractions où me divertir le week-end. Je voulais apprendre à m'occuper des bêtes pour libérer Augustin d'une partie de sa charge de travail.

Il s'est d'abord montré réticent, mais dès qu'il ouvrit la porte et entendit l'accueil réservé par les cochons, il accepta d'improviser ma formation pour les faire taire au plus vite.

Devant mes yeux attentifs, il saisit un nouveau sac de céréales pour le remplir à la mélangeuse. Cette fois-ci, je retins les doses qu'il avait prescrites. Pendant qu'il s'occupait des autres cochons, je préparai d'autres sacs et j'attendis patiemment son verdict, malgré la pression des truies qui ne comprenaient manifestement pas ce contretemps. Elles avaient de bonnes raisons de se plaindre : l'odeur du repas parvenait jusqu'à leurs narines, mais les nourrisseurs demeuraient désespérément vides ! La torture était telle qu'elles hurlèrent de plus en plus fort.

— On veut voir le patron ! se plaignaient-elles sans relâche jusqu'à ce qu'Augustin revienne auprès de moi.

Il prit la nourriture entre ses mains pour la scruter attentivement. Puis nous nous empressâmes de nourrir les truies pour retrouver le calme au plus vite.

Au début, Augustin était toujours dans mon dos à vérifier que je donnais assez à manger aux truies. Une alimentation mal dosée pouvait mettre en danger la mère et sa portée en les exposant à une maladie mortelle. L'élevage était beaucoup trop important pour qu'une débutante en assume toute la responsabilité.

Au fil des week-ends, il m'accorda progressivement sa confiance. Peu à peu, nous nous sommes réparti les rôles. Pour lui, les cochons à l'engraissement, plus vifs et coriaces. La maternité pour moi. Nous prîmes l'habitude d'entrer chacun en même temps dans la partie de la porcherie qui était sous notre responsabilité. Nous limitions ainsi les disputes sonores entre les deux ailes de l'exploitation pour être servie la première. J'étais heureuse d'apporter un peu d'aide à Augustin qui me regardait remplir les seaux avec bienveillance. Nos regards se croisaient. Il était admiratif. Moi, follement amoureuse.

Les week-ends s'enchaînèrent. Augustin venait me chercher le vendredi soir à Montreuil et me déposait le lundi matin en ville avant de retourner aux cochons. La ferme ne nous accordait qu'un peu de répit le dimanche après-midi. Augustin ne nourrissait que les truies le soir et laissait jeûner les porcs, suivant une tradition familiale dont je n'ai pas vraiment compris les principes. Comme je lui prêtais désormais main-forte, nous terminions plus tôt et nous disposions de plus de temps pour nous. Nous enchaînions ensuite les parties de dominos sur la table de la cuisine, puis nous nous retrouvions dans les bras l'un de l'autre sur le canapé du salon pour regarder un film, seuls sur notre petite île déserte.

Ma mère ne voyait pas d'un bon œil mes absences. Elle craignait que je ne prépare pas mon brevet avec assiduité. J'étais mauvais élève, vous l'aurez compris. J'avais à peine 4 en maths. Dès l'école primaire, j'avais redoublé ma classe de CE2. Et plus je passais du temps à la ferme, plus j'étais convaincue que mon avenir se trouvait dans la nature. Je souhaitais avoir les pieds dans la boue.

Malgré mes certitudes, je prenais le temps de réviser le week-end. À ma grande surprise et surtout celle de ma mère, je décrochai la mention « assez bien » au brevet. Ce miracle, je le devais à la ferme. J'y avais trouvé un terreau favorable à mon émancipation. J'étais tombée amoureuse non seulement d'un agriculteur, mais aussi de son métier.

Brevet en poche, j'estimais avoir rempli mes obligations à l'égard de ma mère. Début juillet, je lui annonçai que j'avais trouvé un job d'été un peu particulier qui s'éterniserait jusqu'à la rentrée, voire plus si affinités, ce dont j'étais persuadée. À l'heure où les amis du collège partaient à la plage dans le Sud, que d'autres passaient leurs après-midi à contempler les gouttes de sueur dégoulinant sur les mollets épilés des coureurs du Tour de France, que certains prenaient des cours particuliers de maths pour préparer leur entrée en seconde, je consacrais toutes mes vacances à la ferme.

Qui d'autre que moi aurait d'ailleurs répondu à une offre d'emploi aussi peu attrayante ? *Recherche personne motivée et dynamique pour nourrir des centaines de cochons puants deux fois par jour du lundi matin au dimanche soir. Aucun congé. Payée trois ou quatre fois moins que le SMIC, selon les conditions du marché.* Je renonçais à tout pour accompagner Augustin.

Bien sûr, j'ignorais que ce choix me priverait de congés pendant une dizaine d'années, qu'il ne serait plus jamais question de partir en amoureux à Venise ou de prendre l'avion pour la Réunion comme en rêvait Augustin. Mais la mer et la montagne m'importaient peu. Enfant, après la séparation de mes parents, le budget familial s'était largement rétréci et nous nous étions repliés sur des séjours peu coûteux, et peu exotiques. Quand je me suis engagée à la ferme, j'avais fait le deuil des vacances depuis belle lurette.

Quant à Augustin, de toute sa vie, il n'avait quitté l'exploitation que pour une semaine en classe de neige lorsqu'il était au collège. Il me montra une photo prise aux côtés de ses camarades au milieu des montagnes, devant les skis posés à la verticale. Je ne lui connaissais pas ce regard attristé. Il n'était manifestement pas à sa place sur les pentes enneigées des Alpes. En quelques heures d'autocar, il s'était retrouvé dans un univers qui lui était hostile, perdu au milieu de montagnes menaçantes, les pieds privés de leur contact habituel avec la terre par la neige gelée et la paire de skis qui échappait à son contrôle. Il n'était pas fait pour ce genre d'hiver, pas équipé non plus.

Comme pour moi, les moments d'évasion éphémères avaient plus de valeur qu'une semaine *all inclusive* dans une station balnéaire aseptisée à des milliers de kilomètres de la ferme.

L'été qui avait précédé ma rencontre avec Augustin, j'avais côtoyé de très près le monde agricole. Nous n'étions séparés que par une haie qui servait de paravent. Je me souviens encore du vacarme des moissonneuses qui tournaient sans cesse autour de la maison de la marraine de mon frère en Normandie, de leurs phares qui m'éblouissaient à la nuit tombée. Je garde précieusement une photo prise par ma tante de ce que furent mes dernières vacances. Je portais un tee-shirt bleu et un short noir et je posais devant un champ de maïs. Ce cliché était un signe du destin. Mes vacances, c'était déjà la campagne.

C'est donc sans regret que j'optai l'été suivant pour les moissons. De toute façon, le bronzage était tout aussi performant dans les champs de blé qu'à la plage. Il avait le désavantage de laisser des marques un peu gênantes, mais peu m'importait. J'avais Augustin à côté de moi. Je partageais sa vie. Je désirais tant que l'été se prolonge au-delà du 1er septembre !

Lorsque j'entendis le moteur pétarader, je sentis une montée d'adrénaline comme je n'en avais plus connu depuis l'époque où, enfant, j'accompagnais mon parrain sur les circuits de motocross. Je retrouvais l'ambiance de la compétition à laquelle se livraient les différents concurrents dès qu'ils s'élançaient sur le circuit. J'avais à peine 6 mois lorsque j'assistai physiquement à la première course de ma vie dans les bras de ma mère. J'ignore si le vrombissement des moteurs me faisait dormir où s'ils me maintenaient éveillée, mais je me souviens très bien de l'anxiété que j'éprouvais avant chaque départ. Je n'avais d'yeux que pour mon parrain, tout juste reconnaissable dans son équipement de compétition avec son casque sur la tête. J'avais la boule au ventre à l'écoute des ronflements des moteurs qui montaient haut dans les tours juste avant que le départ ne soit donné. Un mélange de crainte de l'accident, mais aussi d'espoir de victoire. Je vivais la course intensément, comme si je me trouvais moi-même sur la moto, les bras accrochés au ventre de mon parrain. Mais depuis son décès accidentel lors d'une compétition, j'étais alors tout juste âgée de onze ans, je n'avais plus connu l'exaltation d'une course. Jusqu'à ce qu'Augustin, à sa manière, donne le coup d'envoi des moissons.

La veille, je l'avais accompagné dans les champs, curieuse d'apprendre comment il décrétait que le grand jour était arrivé. Il y avait dans l'air une odeur estivale, un mélange de terre brûlée et de blé mûr. Augustin, vêtu de sa combinaison habituelle, avança avec détermination jusqu'à la bordure de la parcelle. Il saisit un épi, le frotta entre ses deux mains pour l'ouvrir. Il croqua ensuite le grain en concentrant son regard sur ceux qui restaient dans la paume de sa main.

— Il est mûr ! proclama-t-il solennellement, me tendant les épis qu'il avait gardés dans la paume de sa main pour que je goûte à mon tour.

Mais le grain resta muet. Il ne s'exprimait qu'auprès des professionnels. Je n'avais d'autre choix que d'apprendre son langage pour être capable de décréter à mon tour le début des moissons.

Il ne restait qu'à vérifier que le taux d'humidité ne dépassait pas 15 %. La dernière averse remontait à la semaine précédente. Il ne devait pas y avoir de problème, mais il était indispensable de le confirmer auprès de la coopérative. Une humidité trop forte et le blé pourrirait dans le silo. Un risque qu'Augustin ne pouvait s'autoriser : il avait besoin de ses propres céréales pour ne pas être forcé d'en acheter au prix fort pour nourrir ses bêtes et maintenir la ferme à flot.

Dès qu'il reçut les résultats, quelques heures plus tard, il consulta la météo sur son téléphone pour la énième fois de la journée. Elle annonçait un risque d'orage modéré dans la soirée sur la région. S'il pleuvait, le début des moissons serait repoussé. Si l'orage passait son chemin, il faudrait commencer à travailler dès l'aube le lendemain.

Pour patienter jusqu'à l'heure annoncée de l'averse, nous préparâmes un barbecue. Des merguez, comme toujours avec Augustin, et de généreux morceaux de viande pour nous donner des forces avant des journées qui seraient éprouvantes. Nous étions attablés à l'extérieur, côte à côte face aux nuages qui noircissaient l'horizon. Mon amoureux ne prêtait attention ni à la qualité des saucisses, ni à la douceur de la soirée estivale, ni aux grillons qui chantaient leur sérénade, pas plus qu'à moi d'ailleurs. Je ne l'avais jamais senti aussi distant. Il mâchait lentement, les yeux rivés sur le ciel, au-delà du brise-vent. Il faisait lourd. Il y avait de l'orage dans l'air. Les prévisions avaient vu juste.

Le murmure des peupliers s'intensifia. Une rafale de vent emporta nos serviettes en papier posées sur la table. Le ciel fut bientôt déchiré par des éclairs qui se succédaient de plus en plus rapidement. Il compta les secondes qui s'écoulèrent avant que le grondement du tonnerre ne se fasse entendre.

— Il est à deux kilomètres et demi, calcula-t-il, rompant le silence qui s'était installé depuis le début du repas.

Il planta sa fourchette dans un morceau de viande, qu'il laissa suspendue au-dessus de l'assiette pendant qu'il comptait à nouveau.

— Il se rapproche. Deux kilomètres, constata-t-il en faisant la moue.

— J'ai senti une goutte sur mon bras, sursautai-je.

Pourtant, la nuit tombée, il ne pleuvait toujours pas. Le temps entre l'éclair et le tonnerre se prolongeait. Augustin ne fit qu'une bouchée du dernier morceau de viande. L'orage était passé au loin sans s'abattre sur nos champs. Si aucune averse ne perturbait nos plans, les moissons débuteraient le lendemain vers 11 heures, après que le soleil eut séché la rosée de la nuit. Nous nous couchâmes en ignorant si cette première journée aux champs se terminerait avant minuit. Nous n'avions qu'une seule certitude : il faudrait nourrir les cochons à l'aube quoi qu'il arrive.

Le lendemain, dès que j'entendis le vrombissement du moteur de la moissonneuse-batteuse, je laissai tomber le seau vide que j'avais dans les mains et sortis en courant de la porcherie. Le son lourd de mes bottes en caoutchouc résonnait à chaque foulée. À mon arrivée devant le hangar, je découvris Augustin au volant de sa machine blanche et rouge, installé dans sa cabine derrière la barre de coupe levée. Il avait un large sourire. Le moteur crachait de petits nuages noirs de fumée, la tôle de la machine vibrait. Le vacarme était assourdissant. D'autant que Thomas avait fait démarrer son tracteur et suivait en tirant une benne derrière lui qui sautillait sur le sol irrégulier. Mes premières moissons avaient commencé.

Depuis plusieurs jours, il régnait une forte excitation à la longère. Augustin ne me parlait que de sa machine quand il était avec moi. Il passait des heures à la dépoussiérer, à la graisser, à contrôler son bon fonctionnement, à visser et dévisser des écrous, à vérifier la pression des pneus. La moissonneuse avait l'habitude de lui faire le coup de la panne chaque été. Elle datait de 1985 et elle était brinquebalante. Avec son frère, ils consacraient la plus grande partie de leur temps à vérifier les pièces qui avaient défailli l'année précédente. Mais la moissonneuse-batteuse leur réservait toujours une mauvaise surprise. Parfois, c'était la pompe, d'autres, le compresseur. La seule certitude avec cet engin, c'est que tôt ou tard, il cesserait de tourner. La question était de savoir quand.

Tandis que mon amoureux préparait les moissons, je m'occupais des truies. Je gagnais de l'autonomie à la maternité. Les cochons ne réclamaient plus la présence d'Augustin. Ils étaient manifestement satisfaits de mes services.

À l'heure du déjeuner, je rejoignis les deux frères aux champs avec la glacière. Je choisis un emplacement dans un coin d'une parcelle fraîchement moissonnée. La poussière soulevée par la machine n'était pas encore complètement retombée, mais nous ne nous en souciions guère. Je sortis les sandwichs au jambon et au fromage que j'avais généreusement beurrés et agrémentés de mayonnaise, pour le plus grand bonheur d'Augustin. J'avais également préparé une salade de tomates, prévu d'abondantes bouteilles d'eau et de Coca-Cola. Les jambes allongées sur le sol, Augustin et Thomas se détendaient. La récolte était abondante. Il n'y avait pas la moindre trace d'humidité. Si les mêmes conditions se maintenaient jusqu'à fin août pour l'orge de printemps et les féveroles, ce serait une belle moisson et il y aurait suffisamment de quintaux pour nourrir les cochons jusqu'à l'été prochain.

Nous n'en étions qu'au premier jour, mais Augustin avait déjà des plans d'expansion pour la ferme. Entre deux bouchées, il partageait avec nous son ambition d'utiliser les excédents de céréales pour élever un nombre plus important de cochons plutôt que de les vendre à la coopérative. J'applaudis son idée des deux mains comme une enfant, promis qu'il pourrait compter sur mon aide pour faire de cette ferme une exploitation moderne et rentable. Ses rêves devenaient aussi les miens.

Je sortis la thermos pour servir le café dans des petites tasses blanches en plastique. Une très légère brise soufflait sur le champ. Nous savourions cet instant, malgré la rudesse du sol sur lequel nous étions allongés. Nous sentions les chaumes qui piquaient nos fesses. Le paysage avait changé. Il avait perdu la verdure printanière que j'avais trouvée à mon arrivée pour prendre la couleur dorée de l'été. Des hirondelles survolèrent le champ en trissant. J'étais tellement heureuse d'être aux côtés d'Augustin que j'en frissonnai.

Après le déjeuner, je pris un cours accéléré de moissonnage. Il m'expliqua comment régler la vitesse de rotation de la machine, la hauteur de la coupe pour éviter les cailloux et le battage pour séparer le grain de la paille. Il insista sur le besoin de dépoussiérer longuement la machine pour éviter qu'elle prenne feu, puis il m'invita à le rejoindre dans la cabine pour que je comprenne ce qu'il pouvait ressentir lorsqu'il récoltait le fruit d'une année de travail. Sa famille disposait de 50 hectares qui s'étendaient autour de la ferme. Une petite exploitation par rapport à celles des voisins, mais j'ai tout de suite senti sa fierté de faire tourner la machine avec moi à ses côtés.

Comme il n'y avait pas de place pour nous deux dans la cabine, je me suis agrippée à la main courante à côté de la portière, appuyée sur le marchepied. Quand la moissonneuse commença à avancer, je sentis un air chaud sur mon visage. Je détachai mes cheveux pour les laisser voler au vent, croisai dans le rétroviseur le regard d'Augustin qui était heureux comme un enfant au volant de sa machine. Il appuya sur l'accélérateur pour rejoindre au plus vite la partie de la parcelle qu'il n'avait pas encore moissonnée. La machine faisait un tintamarre monstrueux. Je plongeai mon regard dans le champ qui s'étendait devant moi. Une légère brise déferlait par vagues successives, ondulant avec tendresse sur le blé doré sur son passage. J'avais la sensation de survoler une mer végétale…

J'étais tellement amoureuse que je me suis mise à travailler sans le moindre répit, ni pour suivre le défilé du 14-Juillet ni pour assister aux feux d'artifice du 15 août. Dès que le temps le permettait, nous moissonnions avant la prochaine averse. Si le vent tournait dans la nuit pour apporter de l'eau du large, nous restions aux champs jusqu'à point d'heure, parfois jusqu'à ce que les premières gouttes se mettent à tomber.

Et s'il n'y avait que le ciel à surveiller ! Impossible d'oublier les cochons pendant que nous nous occupions des champs. Leurs hurlements nous rappelaient à l'ordre le matin et en fin d'après-midi. Il n'y avait que lorsque la moissonneuse-batteuse nous faisait un caprice mécanique que nous étions contraints au repos forcé. Et ce n'était pas un soulagement, mais une source d'inquiétude. J'attendais avec impatience le moment où elle cracherait à nouveau du diesel dans le fracas assourdissant du moteur.

À la fin du mois d'août, je prévins ma mère qu'il était hors de question que j'aille au lycée à la rentrée. Elle s'y attendait, certes. Mais elle n'avait pas prévu, en revanche, que je lui annonce mon intention de quitter la maison en septembre pour m'installer dans cette ferme malodorante au milieu de nulle part.

Heureusement, elle avait de l'estime pour Augustin. Elle trouvait qu'il avait une bonne influence sur moi. Elle appréciait moins ma mauvaise odeur persistante, mais elle ferait avec.

Dans la chaleur de l'été qui s'achevait, je rêvais d'épouser non seulement un agriculteur, mais aussi sa profession. Mais j'ignorais à quel point il était difficile pour une citadine de se faire une place dans un monde d'hommes.

L'apprentissage

Le premier examen d'entrée dans le monde agricole m'a prise au dépourvu dans un salon coquet aux murs couverts de papier peint aux motifs floraux. Rien ne me laissait supposer qu'en prenant place aux côtés d'Augustin sur le canapé marron également ornementé de fleurs, je serais à ce point toisée, soupesée et questionnée comme une novice avant de faire vœu de clôture pour le restant de ses jours à la ferme. Ma surprise fut d'autant plus grande que le test d'entrée était dissimulé sous les allures d'un passage obligé dans la vie de couple : la présentation à la belle-famille, en l'occurrence aux grands-parents d'Augustin, qui devaient compter mes allées et venues sous leurs fenêtres depuis mes premières apparitions dans la cour au printemps. J'allais enfin sortir de l'anonymat.

Ce petit apéro improvisé nous donnait l'occasion de formaliser notre union. Je ne serais désormais plus la jeune fille qui nourrit les truies, mais la femme qui partageait la vie d'Augustin. La tournure des événements me fit vite comprendre que je n'épouserais pas seulement l'homme de ma vie le jour où nous convolerions en justes noces à la mairie, mais aussi la ferme, avec son lourd héritage légué par les deux générations précédentes. Pour le meilleur, pour le pire aussi, hélas.

— Je vais le prévenir de votre arrivée, s'excusa la grand-mère avant de s'absenter en faisant tourbillonner sa robe à fleurs assortie au papier peint et au canapé.

L'ambiance agreste du salon était accentuée par un grand bouquet de roses blanches posé sur la table basse dans un vase transparent.

Les jours raccourcissaient. La lumière tamisée d'une grande lampe éclairait les bouteilles que la grand-mère avait sorties du bar pour l'occasion. Elle les avait posées à côté des verres en cristal sur un plateau. Du pastis ou de la bière pour les hommes, du porto ou de l'eau pétillante pour les dames. Des cacahuètes salées servies dans des petits bols. Un apéro classique dans une ambiance feutrée, si éloignée de la porcherie qui se trouvait de l'autre côté du chemin et dont l'odeur était à peine adoucie par les arômes floraux qui avaient été vaporisés sans modération. Nous-mêmes, nous nous étions longuement douchés en sortant de la maternité. Augustin s'était débarrassé de sa combinaison et avait revêtu une chemise bleu marine. J'avais opté pour une tenue très sage, un jean noir et un chemisier bleu. Je me tenais droite sur le bord du canapé, les mains posées sur les genoux, prête à me lever pour saluer le père fondateur de l'exploitation qui m'hébergeait. Je m'étais détaché les cheveux et, de temps en temps, je tortillais nerveusement une mèche qui n'était pas complètement sèche en attendant que le grand-père remonte de la cave où son épouse était descendue le chercher.

Augustin était à peine plus détendu que moi, mais il le cachait mieux. Plongé au fond du canapé, son bras droit appuyé sur l'accoudoir, il croisait et décroisait les jambes à chaque fois qu'il plongeait ses doigts dans le bol pour saisir une bonne poignée de cacahuètes.

— Ils sont là !

J'entendis le bruit de pas légers sur les marches en béton, puis ceux, plus lourds et plus lents, du grand-père dont Augustin m'avait prévenu qu'il avait du mal à marcher. Il était malade depuis quelques années, victime du mélange cruel d'Alzheimer et de Parkinson, deux maux hélas habituels dans le monde agricole qui seraient reconnus cinq ans plus tard, au moment de sa mort, comme liés aux traitements chimiques des terres.

Augustin était très proche de son grand-père paternel. Il s'était étroitement lié à lui après la disparition brutale de son père, lorsqu'il avait 18 ans. Il me faisait faux bond chaque lundi pour déjeuner avec ses grands-parents de l'autre côté de la cour. Tandis que je croquais un morceau en vitesse dans la cuisine, où je ne craignais plus de croiser le regard de mes uniques voisins, j'avais les oreilles qui sifflaient en son absence. Je devinais l'interrogatoire auquel ils soumettaient leur petit-fils entre la poire et le fromage :

— Qui est cette fille ? Est-ce du sérieux ? Quand est-ce que tu nous la présentes ?

Dès que le grand-père entra dans le salon, en se tenant d'une main le bas du dos qui le faisait grimacer, je me levai et fis un pas en avant pour le saluer. Je reculai aussitôt de deux pas tant l'accueil s'avéra désagréable :

— Elle n'est pas mince la copine ! s'exclama le grand-père dans un gros éclat de rire.

Je restai bouche bée devant ce septuagénaire au front dégarni, hésitant entre le gifler pour sa goujaterie ou claquer la porte pour rejoindre l'univers plus hospitalier de la porcherie. Je m'étais préparée à des remarques désobligeantes sur mon jeune âge, voire à des critiques acerbes sur notre rencontre sur Internet, mais jamais je n'aurais imaginé qu'un grand-père plutôt débonnaire et souriant m'attaquerait sur mon physique en guise de bienvenue.

La première impression était très mauvaise. Et ce n'était qu'un début.

Le grand-père saisit une chaise de la salle à manger pour s'installer sur notre gauche. La grand-mère se courba au-dessus de la table basse pour nous servir les boissons, avant de prendre place sur le fauteuil à notre droite. Tous les projecteurs étaient braqués sur moi, mais je restais obstinément muette. Mon regard se baladait dans la pièce, s'attardait sur le téléviseur comme s'il était allumé, évitant à tout prix de croiser ceux du maître de maison. Le silence était tel que j'entendis distinctement chacun de nous déglutir les premières gorgées.

La grand-mère se rendit compte qu'il y avait comme un froid. Elle meubla le silence en me posant des questions usuelles sur ma famille, mes études et les moissons auxquelles j'avais participé. Elle ne prêta pas plus attention à ma mention « assez bien » au brevet qu'à ma préférence pour le thé sucré plutôt que pour le café en fin d'après-midi. Au passage, elle fit remarquer lourdement à son époux que je n'avais même pas pris la peine d'enchaîner avec un CAP à la rentrée. Pendant ce temps-là, lui décapsulait des cannettes avec dextérité. Ses mains tremblaient légèrement quand il servit une seconde tournée en inclinant légèrement les verres pour ne pas faire trop de mousse. Il tendait l'oreille pour suivre la conversation entre son épouse et moi, mais il n'intervenait pas. Soudain, il jeta ostensiblement un coup d'œil sur sa montre comme s'il s'impatientait. Je ne vis pas venir la question cruciale.

— Tu as des hectares ?

Moi qui ai toujours du répondant, ma famille et mes amis en conviendront, je ne trouvai guère mieux que l'esquisse d'un sourire gêné. C'était donc ça qui l'intéressait le plus. Si ma famille avait des terres ?

Des dizaines d'hectares, comme lui, voire des centaines pour me classer dans la catégorie des bons partis pour son petit-fils ? Peut-être même des milliers, et un nom à particule comme une prise de guerre digne d'appeler sur-le-champ le maire, le curé et l'aubergiste afin de préparer sans tarder les festivités ! Il m'interrogeait sur mes propriétés comme d'autres belles-familles s'inquiètent des convictions politiques de la pièce rapportée.

J'avalai une grosse gorgée d'eau gazeuse avant de répondre. Je l'ai déçu. Il ne pouvait en être autrement.

— Ta mère est de la ville ? On n'est pas dans la merde… proclama-t-il en adressant un clin d'œil solidaire à Augustin.

Le grand-père avala sa bière d'une seule gorgée, essuya du revers de la main la mousse sur ses lèvres et reposa bruyamment le verre sur la table basse pour me signifier que l'entretien avait pris fin. Il fit signe à Augustin de l'accompagner à l'extérieur. C'est alors que je compris le vrai motif de cet apéro. Le grand-père l'avait organisé pour montrer sa voiture flambant neuve garée devant l'entrée de la maison.

Tandis qu'ils parlaient tous les deux de chevaux et de cylindres, je traversai seule la cour dans la nuit en prenant soin de ne pas marcher dans les flaques d'eau. De retour à la maison, je me débarrassai de mes bottines en les jetant rageusement contre le radiateur de l'entrée. Affalée dans le canapé, les pieds posés sur la table basse, je compris que je devrais jouer des coudes si je souhaitais entrer dans le monde agricole. Il ne s'agissait plus uniquement de nourrir correctement les cochons. Il était indispensable que je me fasse respecter en tant que femme, en tant que citadine et en tant qu'agricultrice. Vu cette entrée en matière, ce n'était pas une mince affaire.

Fini les grasses matinées ! Mon horloge biologique a fixé naturellement mon réveil à 7 heures dès que je me suis installée à la ferme. Avant même que le téléphone d'Augustin ne se mette à vibrer, je courais à la cuisine préparer le café. Mais cet enthousiasme matinal que je ne me connaissais guère s'émoussait dès que j'ouvrais les volets et que je découvrais chaque jour, avec le même désarroi, la grande friche qui s'étendait devant mes yeux jusqu'à l'enclos où paissaient les deux vaches. L'herbe qui avait envahi ce champ de manière désordonnée renforçait l'impression de décadence que transmettait la ferme, comme si nous accordions plus d'attention à nos cochons qu'à notre habitat. J'aurais tant aimé prendre ma tasse de café à deux mains et me promener dans le jardin dans la fraîcheur du matin ! Mais la végétation exubérante qui s'étendait jusqu'à la porte de la cuisine me privait de tout moment d'oisiveté. La nature me repoussait entre mes quatre murs, dont je ne sortais finalement que pour me rendre utile à la ferme, pour nourrir les cochons dont dépendait sa santé économique.

Tous les matins, mon regard s'attardait longuement sur l'armature rouillée qui émergeait en demi-cercle au-dessus de l'herbe qui en dissimulait les pieds. Des vestiges d'une autre époque, manifestement moins oppressante, qui prouvaient qu'une autre vie avait été possible en ces lieux, qu'elle l'était encore, avais-je la faiblesse de croire. Ces montants en fer avaient abrité autrefois une serre qui alimentait généreusement la ferme en légumes. Augustin gardait encore à la bouche le goût sucré des tomates que son père cueillait pour lui tout au long de son enfance, comme il me le confia, ému, le jour où je l'interrogeai sur ce champ déprécié par rapport aux autres parcelles de la ferme. C'était paradoxal ! Autour de nous, aucun mètre carré n'était perdu. Ils rendaient tous quelque chose, à l'exception de ce terrain juste sous nos fenêtres, à l'abandon depuis le décès du père d'Augustin.

Les coquelicots lui donnaient certes des couleurs au printemps. Au début, je les avais cueillis en chantonnant, avec l'émerveillement et la naïveté d'une fille qui vivait un conte de fées. Mais je me rendis compte très vite que le champ était désespérément vert le reste de l'année, monotone comme les jours de pluie. Il me forçait, qui plus est, à faire un grand détour pour rejoindre le chêne qui se dressait au loin.

Au fil des jours, je n'y trouvais guère d'autre intérêt que d'arracher des pissenlits et de souffler sur leurs aigrettes pour les disséminer au gré du vent.

Jusqu'à cette journée d'automne pluvieuse où, n'y tenant plus, je fis une proposition à l'improviste à Augustin dès qu'il eut avalé sa première gorgée de café matinal.

— Et si on en faisait notre jardin secret ? lui demandai-je en montrant le champ du doigt.

— Un potager ? Je n'ai pas le temps de m'en occuper, répondit-il sèchement, en posant son mug sur la table, sans prendre le temps de regarder le paysage qu'il connaissait par cœur.

Malgré son ton péremptoire, je ne lâchai pas le morceau pour autant. Tandis qu'il terminait son café, j'énumérais une longue série d'arguments pour le convaincre : la proximité du terrain qui me permettrait de sortir avant le repas pour y cueillir une salade fraîche et des tomates juteuses, des oignons sucrés pour relever le bœuf bourguignon, des courgettes tendres à faire revenir à la poêle avec de l'ail comme il les adorait. Puis il y avait le temps de gagné. Je n'avais alors pas encore le permis de conduire et je dépendais d'Augustin pour notre approvisionnement en fruits et légumes. Grâce au potager, je lui épargnerais bien des allers-retours au supermarché. Et, argument suprême, c'était tout de même un comble, « oui, un comble », insistai-je, d'être contraints d'acheter nos fruits et légumes en ville alors que nous vivions en pleine nature !

Augustin finit par se laisser convaincre, non par l'un de mes arguments, mais par ma présence : l'idée de transformer ce champ en potager, il l'avait en tête depuis plusieurs années. Mais il n'osait pas franchir le pas seul. Les cochons et les céréales le privaient du temps et des forces nécessaires pour se mettre à la tâche. On dit souvent des enfants de cordonniers qu'ils sont les plus mal chaussés. Augustin était un agriculteur qui se nourrissait des légumes des autres, à son plus grand regret. Il recrachait les tomates insuffisamment mûres, délaissait les concombres au goût de cellophane, repoussait les fraises aussi grosses qu'insipides. Il attendait le déclic pour se jeter à l'eau. Il se produisit lorsqu'il prit conscience que nous étions deux désormais, que j'aurais le temps dans l'après-midi de prendre soin de notre potager.

Dans les jours qui suivirent, ce fut le branle-bas de combat. Les bruits des travaux redonnèrent vie à la longère : coups de marteau, découpe à la scie, moteurs saturés des machines. Augustin sortit du hangar sa vénérable et bruyante débroussailleuse pour couper l'herbe qui était presque aussi haute que lui. Pas à pas, casque sur les oreilles pour ne pas subir le fracas de la machine, il avançait patiemment dans le champ en répétant toujours le même mouvement en demi-cercle de droite à gauche et de gauche à droite. La végétation était dense, beaucoup plus compacte que nous ne l'avions prévu. Il progressait lentement, toujours vêtu de sa cotte, les bottes de sécurité au pied pour éviter un accident avec les lames qui tournaient à plein régime, les yeux protégés par d'épaisses lunettes. Dans le monde agricole, on n'est jamais trop prudent.

À chaque fois qu'il interrompait le bruit saturé de la machine pour remplir le réservoir d'un mélange d'essence et d'huile, je me précipitais dans le champ avec la brouette pour évacuer l'herbe qui gisait sur le sol. Nous nous complétions.

Un après-midi, il m'appela par le surnom affectueux qu'il m'avait donné :

— Viens vite ma Lala !

Il me montra un nid rond posé à même le sol fait de toutes petites branches. Il contenait quatre petits œufs. Augustin éclata de rire quand je le pris avec d'infinies précautions pour le poser à l'abri au pied de la clôture.

— La débroussailleuse a épouvanté les parents depuis longtemps.

Je découvrais à quel point la nature était impitoyable.

Puis, il eut recours à un motoculteur pour retourner la terre. Mains sur les poignées comme s'il les avait posées sur le guidon d'une moto, il avançait lentement pendant que les lames s'enfonçaient profondément dans le sol. Sur son passage, les bouts d'herbe qui avaient échappé à la débroussailleuse étaient ensevelis sous la terre noire qui remontait à la surface. Je poussais de petits cris de stupeur en découvrant le nombre inattendu de vers de terre qui apparaissaient au grand jour, brutalement bousculés dans leur quiétude souterraine. Ils se tortillaient au sol pour échapper au plus vite à la lumière du jour et retrouver les profondeurs qui les protégeaient des carnassiers.

— Leur présence est la preuve que cette parcelle est saine et fertile, se félicitait Augustin.

Elle avait de quoi. Elle était restée en jachère pendant un nombre incalculable d'années.

Avant la fin de l'hiver, Augustin s'empressa de nettoyer les montants de la serre. Le printemps ne tarderait plus à arriver. Le potager devait être prêt pour le jour où la nature sortirait de son sommeil. Il passa des heures dans le froid, expulsant de la buée par la bouche à chaque fois qu'il reprenait son souffle. Il frotta pendant des heures les armatures avec une brosse en fer pour en arracher la rouille, puis les peignit pour éviter qu'elles ne subissent à nouveau les assauts de l'humidité qui, dans notre coin de pays, s'acharne sans pitié sur la ferraille à sa portée.

Vers la mi-mars, dès que les rayons de soleil se réchauffèrent, j'aidai Augustin à couvrir la serre d'une grande bâche verte. Nous la fixâmes solidement aux armatures avec des fils de fer afin qu'elle ne s'envole pas dès la première tempête. Je ne rechignais devant aucun effort. Pour la première fois de ma vie, j'avais le sentiment de construire quelque chose de durable, autant dans les champs qu'à la maison.

Nous avons d'abord planté des oignons, des pommes de terre ou encore des carottes. Puis ce fut le tour des plants de tomate et des fraises, pour qu'elles poussent sous la serre restaurée. Pendant qu'Augustin s'en chargeait, je passais mon temps libre agenouillée sur la terre noire. Le débroussaillement de la parcelle avait laissé apparaître au sol des tommettes rouges oubliées, qui menaient jusqu'au portail en bois qui ouvrait le chemin du grand chêne. Qu'est-ce que j'en ai bavé pour leur redonner leur éclat d'origine. Des heures et des heures à les frotter, puis des jours et des jours à arracher les herbes qui poussaient entre elles !

Dès que le printemps est arrivé, la nature reprit possession du terrain. J'avoue que j'ignorais qu'elle était à ce point incontrôlable dès qu'elle se réveillait. La nature, en ville, ce n'était rien, ou presque. À peine une grimace contrariée par la pluie en sortant le matin de chez moi ou un sourire déclenché par un air printanier à la sortie de l'hiver. À la ferme, la nature, c'était tout. Je passais mon temps à arracher les mauvaises herbes, assise à même le sol et, quelques jours plus tard, après de longues et généreuses journées pluvieuses, j'étais bonne pour tout recommencer. Je râlais en découvrant une alignée de pissenlits fraîchement fleuris entre mes tommettes, mais je reprenais bon gré mal gré mon bras de fer avec la végétation.

Augustin, lui, maîtrisait la nature. Je n'en revenais pas qu'il la connaisse aussi bien. Il savait parfaitement comment planter les légumes et les cultiver. Des connaissances acquises aux côtés de son père et de son grand-père, trois générations qui s'étaient transmises un savoir qui ne s'apprend pas sur les bancs des écoles et encore moins en ville. Des années d'enseignement pour savoir intervenir au moment précis où la plante en a besoin, apprendre de ses erreurs d'une récolte sur l'autre, transmettre le lien entre l'homme et la terre. Un héritage que ma famille avait oublié comme tant d'autres quand elle abandonna la campagne pour rejoindre la ville, celui qu'Augustin s'efforça de reconstituer en m'enseignant à son tour son savoir. Grâce au potager, grâce à lui, j'ai renoué avec la terre, avec les saisons et la nature.

Lors du temps libre que les cochons m'accordaient chaque après-midi, j'ai tout appris en l'observant pendant qu'il semait les courgettes, qu'il plantait les pommes de terre ou qu'il creusait des trous avec son plantoir rouge pour y introduire de l'oignon ou de la ciboulette. À ses côtés, j'ai appris à tailler les pieds de tomate, à dédoubler les carottes pour qu'elles poussent correctement, à ne pas laisser mûrir trop longtemps les courgettes pour les faire en gratin.

L'été, je remplissais les arrosoirs dès le matin et je les déposais dans la serre pour les « chambrer » comme un grand vin, afin que les tomates ne subissent pas un choc thermique avec de l'eau trop fraîche. J'apprenais mon métier à domicile, en immersion.

Le potager est vite devenu mon rayon fruits et légumes. Avant de préparer un repas, je faisais le tour pour cueillir les tomates les plus mûres pour la salade. J'arrachais des poireaux pour préparer une tarte ou sélectionnais les fraises les plus mûres pour le dessert. Je n'avais guère besoin de traçage ou de code-barres pour identifier le produit. Je connaissais son origine. Quelle délectation de frotter des feuilles de menthe fraîchement cueillies entre ses mains pour s'enivrer de leur parfum, d'aromatiser avec elles les infusions que je buvais à longueur de journée, de les mélanger à de la glace pilée et du rhum pour servir de savoureux mojitos maison aux amis le samedi à l'apéro ! Nous étions devenus des épicuriens qui vivions des présents que nous offrait la ferme.

Ce potager était une histoire d'amour et il nous le rendait au quintuple. La première année, nous avons été submergés de tomates. Qu'est-ce qu'on en a mangé ! Je préparais des salades matin, midi et soir, des pâtes plusieurs fois par semaine. Je ne savais plus quoi en faire. J'ai stocké des litres de sauce dans des bocaux préalablement stérilisés en les plongeant longuement dans de l'eau bouillante. Même problème avec les oignons. Nous en avons récolté 120 dès la première année ! L'odeur de l'oignon rissolé rivalisait chaque jour dans la longère avec celle de la porcherie. Tous mes plats en eurent le goût prononcé. J'en ajoutais plus que de raison dans le bœuf bourguignon, le roast-beef ou le rôti. Je les suspendais là où je trouvais de la place pour enfoncer un clou et les laisser sécher. Il y avait des oignons partout, comme si je conjurais le mauvais sort avec eux. Et je ne parle pas des rations pantagruéliques d'échalotes ou de poireaux que je servais à table. Je n'en revenais pas qu'il fût si simple de satisfaire ses besoins alimentaires. Pas besoin d'essence, de caddy, pas plus que de carte bleue. Rien que de la patience pour récupérer la mémoire rurale.

Je passais mes après-midi dans le potager. J'ai déchiré une quantité incalculable de leggings, à genoux au milieu des carottes, armée de ma petite pelle pour les déterrer. Sur notre île, ce jardin était notre ressource naturelle, notre loisir, notre échappatoire.

Comme un enfant qui découvrait que le père Noël n'existait pas, je me rendis compte de la supercherie des supermarchés qui mentaient en proposant des fruits et légumes tout au long de l'année. La citadine qui avait vécu dans l'illusion qu'il n'y avait plus de saison réalisait que le potager était une horloge dont les aiguilles marquaient ponctuellement l'heure de la récolte. Il fallait être au rendez-vous pour cueillir les fruits mûrs avant qu'ils ne pourrissent ou que les oiseaux ne se servent en premier. Les fraises au printemps, les pommes de terre à la fin de l'été, les choux à l'automne. La nature m'imposait son rythme, me suggérait mes menus.

Je cuisinais en fonction de ce que je trouvais dans le jardin, improvisais parfois des mélanges en potages ou en ratatouille pour ne pas perdre les légumes quand je découvrais des traces de pourriture. Je congelais les tartes aux poireaux qu'adorait Augustin pour les servir à la fin de l'hiver quand les réserves de l'année précédente étaient épuisées. C'était élémentaire, mais aussi alimentaire. Je vivais en phase avec la nature.

Bientôt, tous les légumes et presque tous les fruits que nous consommions devinrent « maison ». Nous vivions pratiquement en autarcie. Nous disposions des produits de première nécessité. Pour les autres, nous continuions de nous approvisionner au supermarché, mais à une fréquence nettement moins élevée.

Je réalisai que je travaillais aussi avec du vivant comme avec les truies. Les plantes étaient tout aussi capricieuses. Elles tombaient parfois malades, donnaient moins de légumes que prévu. Certaines années, les melons avaient la taille d'un œuf pour des raisons qui nous échappaient. D'autres, c'étaient les pucerons qui s'acharnaient sur les carottes ou les limaces qui arrivaient en catimini avec la rosée et dévastaient les salades. Parfois, c'étaient les guêpes qui s'acharnaient sur les fruits, voire la sécheresse qui empêchait les légumes de grossir. Et lorsque je commettais une erreur, il était impossible de tout effacer et de recommencer. J'étais forcée de patienter jusqu'à l'année suivante pour avoir des concombres ou des potimarrons. La nature dictait sa loi. J'appris à la respecter, à ne pas la contrarier.

Au fil des saisons, je commençai à rouspéter en contemplant le ciel le matin de ma chambre. Je me plaignais chaque jour du temps. Trop de pluie en avril qui noyait les semences ; des nuits de mai pas assez douces pour les faire grandir ; chaleur avant l'heure en juin qui bloquait leur croissance ; trop de grisaille pour un mois de juillet où elles auraient dû s'épanouir au soleil ; mois d'août pourri, chaleur trop tardive en septembre alors que les fruits n'en avaient plus besoin. Rien ne me convenait. J'étais devenue une vraie paysanne.

Au cours de ces années, j'appris aussi à ne pas vendre la peau de l'ours avant de l'avoir tué, à ne pas m'enthousiasmer devant la générosité du printemps et à patienter jusqu'à la récolte avant de crier victoire. La nature savait être généreuse, elle pouvait être odieuse aussi, et même ingrate quand je lui consacrais tout mon temps libre et qu'elle anéantissait tous mes efforts en quelques minutes avec un orage de grêle. « On n'a rien sans rien », me rappelait Augustin avec la sagesse d'un agriculteur qui en avait vu d'autres. Mais parfois, je ne récoltais rien, pourtant j'avais tout donné.

À la fin de la saison, quand je sortais le râteau rouge pour racler les sols afin de préparer la suivante, je me rendais compte à quel point tout cela était fragile. La nature avait ses limites. Il n'était pas raisonnable d'en exiger plus chaque année à la terre, de produire plus pour gaspiller des légumes qui pourrissaient au fond du frigo, de recourir à des produits louches pour en multiplier le nombre comme des petits pains. À force d'en demander toujours davantage, les récoltes perdraient leur saveur. Un jour, la terre serait asphyxiée et elle ne donnerait plus rien. Il fallait gérer la récolte, apprendre à faire avec ou sans, selon les années.

Cette leçon me servit dans mon quotidien. Je ne laissais plus la lampe de la chambre allumée comme dans mon enfance. Je débranchais les chargeurs de nos téléphones quand les batteries affichaient 100 %. L'hiver, nous éteignions le chauffage le matin avant de partir aux cochons, le rallumions en fin d'après-midi lorsque nous rentrions à la maison. Nous mettions les moulins en marche à partir de 22 h 30 pour profiter des tarifs nocturnes en période basse consommation. Bien sûr, nous ne roulions pas sur l'or et ces économies, aussi modestes fussent-elles, étaient indispensables pour notre budget. Mais j'avais aussi pris conscience que les ressources de la terre n'étaient pas inépuisables, qu'il fallait en prendre soin, ne pas en abuser.

Ma sœur a probablement joué un rôle aussi. Elle tenait à l'époque un magasin bio dans le centre de Montreuil. Lorsqu'elle venait à la ferme, elle passait son temps dans le potager, parfois avec ma mère lorsqu'elles nous rendaient visite toutes les deux. Elle était ravie de montrer les légumes à ses enfants, qu'ils les prennent entre leurs mains et qu'ils les croquent à pleines dents sans craindre la présence de produits toxiques. Car nous ne traitions pas notre potager avec des produits chimiques. Nous épandions du fumier de truie pour nourrir le sol, malgré l'inconvénient pour notre odorat de le diffuser jusque sous nos fenêtres. Nous arrachions les mauvaises herbes à la main, pliés en deux pendant de longues heures dans le jardin. Nous payions de notre personne pour ne pas recourir au glyphosate. Pour notre alimentation, nous faisions du bio. Le décès très jeune du père d'Augustin et la maladie du grand-père nous avaient fait réfléchir. Si nous produisions notre alimentation pour notre plaisir, autant ne pas nous empoisonner.

Pour les céréales qui alimentaient nos cochons, en revanche, nous recourions toujours aux produits chimiques. J'entends déjà les cris d'indignation de ceux qui nous reprochent de manger sainement et d'alimenter les bêtes sans les mêmes égards. Ne nous jetez pas la pierre ! Comme Augustin l'expliquait à ma sœur chaque été lorsqu'elle venait nous rendre visite avec mes neveux, le potager, c'était pour notre santé. Les pesticides, pour celle financière de la ferme. Si nous ne combattions pas la maladie dans les champs avec tous les moyens à notre disposition, nous risquions de perdre notre récolte au cours d'un printemps plus pluvieux que les autres. Et nous n'avions pas les moyens d'acheter des céréales pour compenser. Les produits phytosanitaires protégeaient non seulement notre blé, mais aussi le fragile équilibre financier de l'exploitation.

J'avoue avoir eu la faiblesse de croire que notre potager marquerait le renouveau de la ferme, qu'à nous deux nous lui redonnerions son éclat passé. Celui des « Trente Glorieuses », dont le grand-père, malgré sa mémoire défaillante, ne cessait de nous vanter l'abondance. Quand le goût savoureux de ma soupe aux légumes du jardin me confirmait que nous étions sur la bonne voie, je ne pouvais m'imaginer que nous ne renouerions jamais avec les saveurs de ce passé.

— Vite, ma Lala ! Le gant. Dépêche-toi !

Je sursautai sur le canapé, laissant tomber la télécommande sur le sol. Couché devant la cheminée, Ugo se redressa et aboya de toutes ses forces. Lorsque je me suis retournée, j'ai tout juste eu le temps de voir la tête d'Augustin dans l'enchevêtrement de la porte. Il avait le souffle court. Il disparut aussi brutalement qu'il avait interrompu mon repos devant la télé. Il était près de minuit. Deux bonnes heures s'étaient écoulées depuis que nous avions conclu une longue partie de dominos et qu'il était sorti ruminer sa défaite en solitaire lors de sa tournée routinière du soir : mise en route du moulin à grains, puis petite ronde de surveillance à la maternité. Je ne m'étais pas inquiétée outre mesure, alors qu'il s'attardait. Il trouvait toujours quelque chose à préparer pour le lendemain.

En attendant son retour, j'avais d'abord zappé d'une chaîne à l'autre sans m'y attarder plus d'une minute à chaque fois, avant de m'arrêter sur un reportage consacré à la Normandie. Allongée sur le canapé, je m'étais mise à rêver d'un week-end en amoureux du côté de la baie du Mont-Saint-Michel… Les cochons, en revanche, ne l'entendaient pas de cette oreille, comme ils me le rappelèrent cette nuit-là.

Dès que la voix d'Augustin me fit tressaillir, je compris qu'il y avait une urgence à la maternité. Je bondis hors du canapé pour prendre le gant et le savon dans la salle de bains. J'enfilai mes bottes de sûreté en sautillant en direction de la porte. Dès que je me retrouvai à l'extérieur dans le silence de l'obscurité, je sentis un léger crachin qui exacerbait l'odeur de foin et de purin. Je traversai la cour aussi vite que possible, sans prêter attention aux flaques qui éclaboussaient le bas de mes pantalons à chacun de mes pas. Dès que je franchis la porte de la maternité, je repérai facilement la case où se trouvait Augustin à la lampe chauffante qui l'éclairait. Il était accroupi aux côtés d'une truie allongée sur le sol qui respirait lourdement, la tête redressée comme si elle cherchait de l'oxygène. Un indice m'a rapidement confirmé qu'il y avait urgence. Je ne résidais pas à la ferme depuis longtemps, mais je connaissais déjà la signification de la petite bouteille blanche et de la seringue qui traînaient par terre. Augustin avait épuisé la quasi-totalité des moyens à sa disposition pour sauver la truie. Avant de m'appeler en renfort, il avait déjà administré à la mère une dose d'ocytocine, une hormone qui facilite les contractions et qu'il lui avait injectée derrière l'oreille, avant de patienter pendant une bonne vingtaine de minutes en la caressant. Comme aucun porcelet n'avait pointé le bout de son groin, il n'avait plus le choix. Soit il patientait une heure de plus pour injecter une seconde dose d'ocytocine, délai qui aurait mis la maman et les petits en danger. Soit il utilisait les moyens du bord, le gant et le savon que je lui tendais comme une assistante.

Il n'hésita pas. Comme un chirurgien dans un bloc opératoire, Augustin enfila le long gant orange qui lui arrivait jusqu'au coude. Puis il le savonna abondamment. Il n'appréciait pas le gel recommandé par les professionnels pour ce genre d'intervention. Il le trouvait trop glissant pour saisir correctement le porcelet avec sa main.

— Allez, go ! s'encouragea Augustin avant d'entrer dans l'arène.

Je retins mon souffle. L'opération était délicate. À tout moment, la truie pouvait avoir une réaction imprévisible, un mouvement brusque qui provoquerait un accident dont les journaux feraient une brève dans les jours qui suivaient. La truie émit un léger couinement, mais elle ne bougea pas lorsqu'elle le sentit se coucher sur elle. J'étais à la fois fascinée et angoissée par la scène qui se jouait devant mes yeux. Sous la lumière écarlate de la lampe chauffante, la truie était couchée sur le sol, Augustin au-dessus d'elle qui tendait son bras ganté pour l'introduire lentement dans la vulve. Je détournai pudiquement les yeux.

À mes débuts à la ferme, j'aurais sans doute quitté précipitamment les lieux pour cracher mes tripes à l'abri de son regard. Mais je n'étais plus la citadine qui s'offrait une visite guidée d'une porcherie le temps d'un week-end. J'étais prise dans l'action. Et quand il n'y a pas d'autre choix que d'intervenir pour sauver une truie et sa portée, la montée d'adrénaline empêche l'estomac de se retourner.

— La poudre ! lança Augustin.

Il avait cessé de remuer son bras dans le ventre de la truie. Je me précipitai vers l'armoire où nous rangions nos produits pour les naissances. Quand je revins avec la petite boîte, un premier porcelet gigotait dans le creux de sa main. Il me le confia pour que je le couvre de poudre immédiatement. J'étais un peu embarrassée par cette bestiole minuscule et gluante qui ne cessait de bouger. Je ne savais pas trop comment la saisir pour ne pas lui faire de mal. Elle semblait si fragile… Je coinçai l'une de ses pattes arrière entre les doigts de ma main gauche et je déversai avec la droite une avalanche de poudre sur lui pour le sécher. Il était primordial qu'il ne prenne pas froid. Un porcelet qui tremble ne tarde pas à souffrir d'une diarrhée qui s'avère presque toujours mortelle et qui se transmet au reste de la portée.

Avec précaution, je posai le premier rescapé sur le sol en caillebotis, à la fois assez loin des pattes arrière de sa maman et assez proche de la lampe pour qu'il reste bien au chaud. Pour l'extraction du deuxième porcelet, Augustin rencontra nettement moins de difficulté. C'était le premier qui était coincé, et qui empêchait les autres de voir le jour. Le reste de la portée est né sans qu'il soit contraint de remuer longuement le ventre de leur mère. Il le fouilla une dernière fois, sans trouver d'autre porcelet. Il en avait extrait 11 qui gigotaient désormais sur le sol. Ils étaient tous bien secs, tellement mignons et ils se sont rapidement précipités sur les tétines de leur mère. J'ai regardé ma montre : il était plus de 2 heures. Mission accomplie.

C'était sans compter la fastidieuse incertitude de l'élevage, et de travailler avec du vivant. Par réflexe professionnel ou peut-être par instinct, Augustin entreprit un dernier tour des lieux pour s'assurer qu'aucune autre truie ne mettrait bas avant le lever du jour.

— Lala, apporte la poudre ! l'entendis-je crier soudain.

Pendant que nous nous occupions de la première maman, une autre avait mis bas en douce et sans besoin d'aide. Je l'ai reconnue tout de suite à sa tache sur la patte avant. Elle était l'une des plus âgées et avait déjà eu plusieurs portées. Je fus incapable de compter le nombre exact de porcelets qui couraient dans tous les sens sur le sol, tant ils étaient nombreux.

— Il y en a 17, murmura Augustin.

La nuit avait été productive.

À aucun moment je n'ai maudit cette truie qui avait mis bas à une heure indue. Je n'éprouvais aucune fatigue, juste l'envie de prendre soin des porcelets qu'Augustin me transmettait un à un pour que je les couvre de poudre. Il préférait que je ne rentre pas dans la cage. Les mamans pouvaient parfois être méchantes lorsque l'on touchait à leurs petits. Lui courait après eux en rigolant comme un enfant, les attrapait par les pattes, parfois même par leur petite queue en tire-bouchon quand ils tentaient de s'enfuir. Dès qu'il les relâchait, les petits tournaient un moment sur eux-mêmes, comme s'ils avaient perdu le nord, puis ils se précipitaient sur la première tétine disponible.

Avant de rentrer nous coucher, Augustin termina enfin son inspection des truies gestantes. Il était formel : à la remontée de lait qu'il avait trouvé dans leurs tétines, il n'y aurait aucune naissance dans les heures qui suivraient.

L'horloge numérique d'Augustin indiquait 4 heures sur le mur de la chambre lorsque nous nous sommes couchés. Je n'ai pas eu besoin de compter au-delà de deux porcelets avant de trouver le sommeil.

Trois heures plus tard, son téléphone vibra bruyamment sur la table de nuit. J'avais la tête dans le cirage comme si j'étais sortie en boîte la veille avec les copines. Je me suis retournée pour m'offrir une grasse matinée bien méritée. Mais j'ai pensé aux cochons qui bientôt hurleraient de faim, à Augustin qui devrait gérer d'autres naissances… Alors je me suis levée, j'ai avancé à tâtons jusqu'à la cuisine et j'ai préparé le café.

Si j'avais choisi de m'installer auprès de celui que j'aimais à la campagne, ce n'était pas en vendant un appartement en ville à bon prix pour retaper une bicoque délabrée loin du boucan de la circulation. Si j'avais rejoint la ferme, ce n'était pas non plus pour vivre d'amour et d'eau fraîche ou pour m'occuper d'un troupeau de chèvres et faire la tournée des marchés avec mes fromages. Je respectais ces personnes et leurs choix de vie, à l'exception des citadins tombés du ciel qui, dès le lendemain, frappaient à la porte du voisin pour le prier de bien vouloir empêcher le coq de ne pas pousser ses charmants cocoricos avant une heure décente.

Non, je ne m'identifiais pas à cet exode urbain, à ce « retour à la nature », comme l'appelaient les magazines qui regorgeaient de conseils pour le « bien-être » de leurs lecteurs. Pour moi, il ne s'agissait pas d'un déracinement. J'avais la chance d'avoir Augustin qui m'accompagnait dans la découverte de mon nouveau monde.

Dans la vie à la ferme, il y avait aussi des dangers dont je n'étais pas consciente à mon arrivée et dont je découvris l'existence le soir où je retrouvai Augustin exsangue devant le lavabo de la salle de bains. L'eau qui coulait à flots avait d'abord attiré mon attention. Je crus d'abord à une fuite, mais je m'aperçus très vite que mon fiancé avait ouvert à fond les robinets. Je compris immédiatement qu'il lui était arrivé quelque chose pendant sa tournée du soir. Je tentai d'en savoir plus, mais il me répondit en serrant les dents et en grimaçant de douleur. Nous étions en période d'insémination des truies et nous leur accordions une attention redoublée, notamment aux cochettes qui mettraient bas pour la première fois. C'était un moment crucial dans la vie de l'exploitation. Nos revenus en dépendaient.

Augustin était courbé au-dessus du lavabo, s'appuyant de la main gauche contre les carreaux de la salle de bains, comme s'il craignait de tomber. Il me donna l'impression d'être KO, comme un boxeur sur un ring qui peinait à retrouver ses esprits. Dès qu'il sentit que je m'approchais de lui, il releva la tête pour m'observer dans le miroir. Je ne lui connaissais pas ce regard de chien battu, le même que sur la photo du ski. Il avait retiré sa combinaison jusqu'à la ceinture, dont les manches pendaient dans le vide et atteignaient presque le sol.

— Qu'est-ce qui t'es arrivé ? murmurai-je.

Il ne répondit pas, mais je l'entendis déglutir péniblement tandis qu'il avalait un comprimé de Doliprane dont la boîte gisait sur le sol.

Une grosse tache sur son pull noir, à la hauteur du coude, attira mon attention.

— Il est sale. Il faut que tu le changes, lui dis-je en posant instinctivement ma main sur son bras.

— Aïe ! sursauta-t-il, comme si je l'avais électrocuté en le touchant.

Je cherchai à nouveau son regard dans le miroir pour tenter de comprendre. C'est alors que je ravalai un cri d'horreur. L'émail blanc du lavabo était taché de sang.

Augustin remonta lentement la manche de son bras droit pour me montrer la blessure. Cette fois-ci, je ne pus me retenir et je poussai un hurlement. Il lui manquait carrément un gros morceau de chair. La plaie était grande ouverte, le sang dégoulinait de partout. Je me suis sentie prise de nausée. Jamais je n'avais vu une blessure pareille, aussi béante. Je n'eus aucun doute. Ce n'était pas un accident comme ceux qu'il avait déjà subis à la ferme, comme le jour où il était tombé du toit de la porcherie pendant qu'il la réparait, manquant de peu de s'exploser la colonne vertébrale sur les murs en béton des cases. Cette fois-ci, il avait été attaqué, mordu par un monstre.

J'ai d'abord pensé à Ugo qui tolérait en grognant ma présence à la ferme et me montrait sournoisement ses crocs à chaque fois que je passais à proximité de lui. Mais je ne l'avais pas entendu aboyer. Et pourquoi aurait-il attaqué son maître ? Et si c'était un renard enragé, comme il m'était arrivé d'en trouver au pied des peupliers, la gueule ouverte et écumante de bave ?

Si Augustin ne m'avait rien dit, je n'aurais jamais imaginé que l'attaque s'était produite à la maternité, ma maternité, celle où je prenais soin chaque jour des truies. L'auteur de cette tentative de meurtre était identifié et emprisonné dans une cage à la porcherie. Il s'agissait de l'un des verrats que nous utilisions pour la reproduction.

Pendant que j'enveloppais la blessure dans un pansement improvisé, un morceau de tissu blanc que j'avais trouvé dans le placard de la salle de bains, je surpris le rictus d'Augustin dans la glace. Il avait atrocement mal, mais il s'interdisait de hurler sa douleur. Dès que je terminai le bandage, nous rejoignîmes le salon où il s'allongea sur le canapé, son bras endolori replié sur son ventre. Dans cette position, il retrouva la parole. Il s'était fait surprendre comme un débutant par ce porc qui lui avait tendu un piège lors de sa ronde du soir.

Lors des périodes où nous inséminions les truies, nos verrats étaient maintenus à distance par une barrière. Ces grosses bêtes, qui pouvaient atteindre les 400 kilos, avaient une vue stimulante sur les femelles en chaleur qui se dandinaient devant leur groin. Leur odeur avait elle aussi un effet aphrodisiaque sur les truies. Ce conditionnement n'avait rien de romantique, d'autant que nous empêchions tout accouplement en notre absence. Il aurait suffi que le verrat ait eu un coup de mou, que la femelle se soit débattue et l'ait renvoyé dans ses quartiers ou qu'il ait tout bonnement jugé qu'il était trop fatigué pour une saillie ce soir-là, et nous nous retrouvions trois ou quatre semaines plus tard avec une truie qui n'était pas pleine. Une bête que nous avions nourrie en vain pour lui donner des forces, qui ne nous apporterait pas le moindre porcelet. Dans une petite exploitation comme la nôtre, dont les revenus dépendaient exclusivement de la vente de porcs, nous ne pouvions nous autoriser ce genre de contretemps. Nous avions donc les verrats à l'œil.

Pour la saillie, nous levions la barrière et le verrat se précipitait sur la truie, lui montait lourdement dessus avant de la pénétrer jusqu'à ce que l'insémination se produise. Nous observions les ébats les bras croisés appuyés sur le mur. Je m'autorisais de temps en temps quelques blagues salaces qui faisaient sourire Augustin. À l'abri du mur en béton, nous nous assurions que la copulation était bien menée jusqu'à son terme. Puis, nous poussions le verrat dans sa case pour qu'il reprenne des forces avant la prochaine saillie en fin d'après-midi, voire le lendemain.

Ces périodes d'insémination étaient une charge de travail énorme pour nous. Nous avions trois ou quatre verrats, d'énormes bêtes faites exclusivement pour la reproduction. Nous aidions les plus maladroits à monter sur la truie, au risque de nous retrouver coincés contre le mur ou les pieds écrasés par la bête en rut. Mais les verrats présentaient un autre danger que le poids de leur corps. Augustin m'avait prévenue à maintes reprises. Ils avaient une dentition acérée comme des lames de rasoir.

Au cours des inséminations, je ne me doutais pas que je risquais ma vie comme un torero qui descendait dans l'arène, à la différence qu'un taureau fonce sur la cape rouge pour embrocher le matador avec ses cornes et l'abandonne inconscient ou mort sur le sol, alors que le verrat vous mord et vous dévore si vous ne parvenez pas à lui échapper. Les cochons mangent de tout, même les citadins savent qu'ils ne refusent pas le moindre aliment. À choisir, j'étais plus tentée de mourir encornée devant des centaines d'aficionados, plutôt que de crever ridiculement dans l'anonymat d'une porcherie, dévorée par cet animal rose présenté comme une bête adorable dans les contes pour enfants.

Lorsqu'il fit sa tournée nocturne dans la porcherie, Augustin remarqua que le verrat avait discrètement déplacé la barrière. Alors qu'il tendait le bras pour la refermer, l'animal bondit à une vitesse sidérante pour une bête de ce poids et referma sa grande gueule sur le bras d'Augustin. Il serra sa mâchoire avec une force inouïe, disposé à avoir la peau de ce bipède qui l'empêchait de s'approcher de la truie qui lui était promise.

Avec sa main libre, Augustin cogna de toutes ses forces pour se dégager. La bête émit des grognements de douleur, mais elle ne céda pas. Il frappa encore plus fort. Il était conscient qu'il risquait l'amputation, une attaque plus féroce de la bête s'il avait le malheur de tomber au sol, l'agonie sur la paille pendant qu'il se vidait de son sang.

Dans la solitude nocturne de la porcherie, sans aucun secours à proximité, il livra un combat de vie ou de mort. C'était lui ou le verrat. Avec les forces qui lui restaient, il frappa frénétiquement et en hurlant la tête de l'animal, qui finit par lâcher prise.

Augustin tomba d'abord lourdement sur le sol. Il resta immobile pendant de longues secondes qui lui parurent une éternité, le temps de retrouver ses esprits. Puis il se leva en s'agrippant de sa main gauche à une barrière hors de portée du verrat.

Quand je voulus appeler les secours pour qu'ils le conduisent à l'hôpital le plus proche, il refusa catégoriquement. Il y avait encore des truies à inséminer le lendemain et Dieu sait quelles autres tâches urgentes à faire à la ferme. Pour rien au monde, il ne pouvait la quitter, pas même à cause d'un morceau de chair dévoré.

Le temps s'écoulait à la ferme au gré des naissances des porcelets et des moissons qui revenaient chaque été avec leur lot de surprises, souvent bonnes, parfois désagréables. Celles de l'été 2012 n'échappèrent pas à la tradition. Depuis que je vivais avec mon fiancé, mon rôle se limitait essentiellement à préparer les repas pendant que les hommes s'occupaient de récolter les céréales. « Quelque chose de léger pour le midi. On mangera bien ce soir », me conseillait souvent Augustin avant de tourner la clef de contact pour faire démarrer la moissonneuse-batteuse. Thomas se calait dans son sillage avec son tracteur en tirant la benne. Je les suivais des yeux comme la femme d'un marin qui contemple son mari prenant la mer. Dès qu'ils atteignaient le phare – le pavillon des grands-parents –, j'agitais mon bras pour leur dire au revoir et je retournais aux cochons… ou aux fourneaux.

Mais les choses ne se passèrent pas comme prévu cette année-là, celle où Augustin reprit officiellement l'exploitation. La vieille moissonneuse menaçait de rendre l'âme à tout moment. Les deux frères passèrent presque autant de temps la tête plongée sous le capot qu'aux champs. Des réparations de fortune qui nous retardaient. Les prévisions météorologiques accentuaient la pression. Elles annonçaient l'arrivée prochaine de la pluie. Le compte à rebours avait commencé, mais la machine tournait toujours au ralenti. Les pannes nous coûtaient aussi de l'argent. Des pièces à acheter, des techniciens qui se déplaçaient à la ferme avec lassitude. Des centaines d'euros qui s'envolaient en fumée au cours d'une intervention de quelques heures, parfois des milliers quand l'avarie était sérieuse. Le soir, quand je servais le repas, nous faisions les comptes. Si nous devions appeler à nouveau les dépanneurs, la moisson ne serait plus rentable.

Aux problèmes techniques s'ajouta une malencontreuse défaillance humaine. Pendant les moissons, Thomas épaulait Augustin pour réceptionner les céréales. Dès que la remorque était pleine, il revenait à la ferme avec la récolte pour l'entreposer en lieu sûr, dans un silo en tôle. C'était un va-et-vient continu. À peine avait-il vidé la benne qu'il repartait rejoindre au plus vite son frère en faisant pétarader le moteur.

Dans l'après-midi qui précéda l'orage attendu, le rythme était encore plus soutenu. Les deux frères travaillaient contre la montre. L'air était lourd, chargé de la poussière soulevée par la machine. Augustin poussait le moteur de la moissonneuse-batteuse au bord de la rupture pour terminer l'orge de printemps avant que les premières gouttes ne commencent à tomber. La tôle tremblait. Une odeur d'huile brûlée montait jusqu'à la cabine. Le moteur était à saturation, prêt à rendre l'âme. Augustin tourna au bout du champ et enchaîna avec un coup d'accélérateur qui accentua le fracas de la tôle, comme si la moissonneuse n'était qu'un amas bringuebalant d'acier sur le point de s'écrouler comme un château de cartes.

Quand Augustin s'arrêta pour vider la moissonneuse, il poussa un gros « ouf » de soulagement. Le travail était presque terminé. La machine avait tenu bon, contre toute attente. Encore une benne à remplir, peut-être deux, et l'orge serait entièrement rentré avant la pluie. Thomas s'approcha avec son tracteur pour placer la remorque à proximité de la moissonneuse-batteuse. Augustin commença dès lors à déverser dans la benne les quintaux de grains stockés dans la machine.

Soudain, il entendit un cri de douleur tout près de lui. Il reconnut la voix de son frère. En descendant de la moissonneuse, Thomas n'avait pas pris garde au sillon creusé par les pneus de la machine sur le sol. Il se tenait sur une jambe, incapable de poser l'autre à terre, hors d'état de remonter sur le tracteur pour ramener la benne à bon port. Pause forcée. Sa copine se chargea de l'emmener aux urgences dont il sortit en béquilles et dans l'impossibilité, bien sûr, de terminer la parcelle.

Lorsqu'Augustin revint à la ferme, les cochons l'accueillirent avec un enthousiasme non dissimulé. « On a faim ! » hurlèrent-ils en chœur. J'avais commencé à nourrir les truies, accordant la priorité aux gestantes qui mettraient bas juste après les moissons, aux dépens des porcs qui s'impatientaient bruyamment à l'autre bout de la porcherie. Augustin me prêta main-forte. En une petite heure, nous fîmes taire les cochons. Il ne restait plus que la parcelle d'orge à terminer avant la pluie. Et j'étais le seul renfort disponible.

C'était l'une de ces nuits d'été où la lumière du jour résiste longuement à l'obscurité, où le ciel garde une légère clarté comme pour nous rappeler que la journée n'était pas terminée. Au volant de la moissonneuse, Augustin se frayait son chemin à la lumière vive des phares et dans le vacarme assourdissant de la machine. Quand il eut terminé, il s'approcha de la benne et commença à y déverser les grains d'orge. Je dus m'éloigner pour échapper à la poussière qui retombait avec nonchalance sur le sol. Le champ était moissonné. Il ne restait plus qu'à ramener la récolte à la ferme avant que les premières gouttes ne commencent à tomber. Ce fut à cet instant qu'Augustin me demanda de prendre les commandes du tracteur.

La mission était banale : mettre à l'abri la moissonneuse et le tracteur avec sa cargaison de grains. Nous étions deux. Cela faisait l'affaire. Il n'y avait qu'un petit détail non négligeable qui ne semblait pas importuner Augustin : je n'avais pas encore mon permis. J'avais certes déjà eu l'occasion de conduire un tracteur, mais jamais de nuit et encore moins en traînant plusieurs quintaux de grains à l'arrière. Dans l'obscurité, je distinguai nettement le mouvement de la tête d'Augustin de gauche à droite. Il rejetait tous mes arguments. Ce n'était pas le moment de chipoter.

Les premiers éclairs déchirèrent la nuit quand je pris le volant du tracteur. Il faisait lourd, malgré une petite brise rafraîchissante qui s'était levée au crépuscule. La lune était voilée par un rideau de nuages de plus en plus épais. L'orage fonçait sur nous. Il ne tarderait pas à éclater.

Avant de tourner le contact d'une main tremblante, je me suis remémoré les consignes d'Augustin. Je devais le précéder sur le chemin de terre qui longeait la route et m'arrêter juste avant la descente sur la ferme. À ce moment-là, il prendrait le relais. Le tracé m'évitait de croiser une voiture sur la route étroite. La tâche ne me semblait pas insurmontable.

Sur le chemin, j'avançai lentement à la lumière des phares, un peu chahutée par les soubresauts du tracteur sur le sol irrégulier. J'étais penchée en avant sur le volant pour coller au plus près au tracé du chemin. Le gyrophare jaune placé au-dessus de la cabine annonçait mon arrivée loin à la ronde, escortée par la moissonneuse qui me suivait quelques mètres derrière. J'avais le sentiment d'être un convoyeur de fonds au volant d'un fourgon blindé ! Ce n'était peut-être que de l'orge que je tirais derrière moi, mais c'était aussi du blé pour nous. Ces quintaux de céréales représentaient beaucoup d'argent pour notre petite exploitation.

À mon arrivée en haut de la pente qui rejoignait la route, puis la ferme, je coupai le moteur comme convenu. Ce qui n'était pas prévu, en revanche, c'était le refus d'Augustin de prendre la relève.

— Mets ton téléphone sur haut-parleur et je vais te guider, me répondit-il, sans daigner ni descendre de la moissonneuse-batteuse ni arrêter le moteur.

Peut-être craignait-il qu'elle ne redémarre pas ? J'appuyai mon index sur ma tempe droite pour lui faire comprendre dans la lumière des phares qu'il avait perdu la tête. Il répondit à mon geste d'un coup d'accélérateur.

Quand je repris place au volant, je regardai la pente devant moi comme une skieuse novice avant de s'élancer sur la piste. La descente était courte, la pente peu prononcée, mais elle présentait la difficulté de se terminer par un virage à droite qui débouchait sur la route. Avant de mettre le contact, je saisis mon téléphone sans laisser le temps à Augustin de dire quoi que ce soit. Je lui ai demandé s'il mesurait le risque qu'il prenait, les grains que je pouvais renverser, le coût des dégâts matériels.

— Tu en es capable, ma Lala. J'en suis sûr, me répondit-il.

Un éclair illumina la nuit. Un coup de tonnerre retentit peu après. Il n'y avait plus de temps à perdre.

— Tu démarres en première et tu passes la seconde dès que tu entames la descente.

Avant d'appuyer sur l'accélérateur, je me retournai pour me rassurer une dernière fois. Bien qu'aveuglée par les phares de la machine, je distinguai nettement le pouce levé d'Augustin en signe d'encouragement. Sur le téléphone posé à côté de moi, j'entendis sa voix :

— Vas-y.

Je me suis élancée du haut de la piste. J'ai négocié le virage sans problème et j'ai foncé tout schuss vers la ligne d'arrivée en faisant une entrée tonitruante dans le corps de ferme au bout d'un dernier virage négocié sans encombre devant la maison des grands-parents, aux volets heureusement fermés.

Les céréales étaient à l'abri. La pluie pouvait tomber maintenant. Il restait les féveroles à moissonner, des légumineuses dont raffolaient les cochons. Elles patienteraient quelques jours, le temps que le soleil revienne et qu'elles terminent de mûrir. La saison avait été éprouvante, mais elle était presque terminée. Pourvu que la machine tienne encore quelques jours. Nous n'avions pas les moyens de la changer.

Quand Augustin arriva à son tour dans le hangar, un grand sourire éclairait son visage. Il descendit de la moissonneuse-batteuse et courut pour me prendre dans ses bras.

— J'ai bien cru que tu embarquerais avec toi la barrière des grands-parents, me murmura-t-il à l'oreille.

J'étais tellement concentrée sur le parcours que j'en avais oublié la benne que je traînais à l'arrière. Elle était passée à quelques centimètres de la petite barrière blanche que la grand-mère avait installée le long de la route pour embellir l'entrée de son pavillon.

Le bruissement du brise-vent retentit longuement dans le silence de la nuit juste avant que les premières gouttes ne commencent à tomber sur la tôle du hangar. Le tonnerre retentit juste au-dessus de nous. Mon amoureux s'approcha de moi et m'enlaça. Il me glissa à l'oreille des mots que je n'oublierai jamais :

— Lala, tu es vraiment la femme de ma vie.

L'orage redoubla de force et le tintamarre des gouttes sur le toit prit l'allure d'un long applaudissement qui accompagna le moment où il posa tendrement ses lèvres sur les miennes. Pour l'apprentie agricultrice que j'étais encore, ce baiser avait la saveur d'une intronisation. J'étais admise à la ferme.

Dans les bras d'Augustin, j'imaginais la fierté de nos enfants au volant de la moissonneuse sur les genoux de leur père. Je me voyais à la ferme jusqu'à la fin de mes jours, avec les moissons qui reviendraient chaque été. Oui, dans ses bras, je voyais la vie en rose.

Comme nous le craignions, la moissonneuse-batteuse expira dans un boucan indescriptible avant la fin des moissons. Thomas plongea la tête dans le moteur encore chaud. Il tenta les réparations habituelles. À chaque fois qu'il relevait la tête, il faisait un signe de la main à Augustin pour qu'il mette le contact. La machine toussotait, puis rien. Impossible de remettre la bande-son de l'été à la ferme. Thomas rangea ses outils, tourna la tête dans ma direction et fit non en hochant la tête de droite à gauche. Nous avions besoin d'un plan B pour terminer les féveroles.

Quelques instants plus tard, nous nous retrouvâmes à la cuisine pour une réunion de crise. Si nous appelions les réparateurs habituels, nous en aurions eu pour 4 000 euros, au bas mot, une dépense qui renchérissait considérablement le prix du quintal de féveroles. Il ne fallait pas être inspecteur des impôts pour comprendre que nous ne pouvions pas nous offrir cette réparation. Nous n'avions pas non plus les moyens d'acheter une nouvelle machine. Il n'y a jamais de bon moment pour une panne, mais celle-là ne pouvait tomber dans des circonstances plus incertaines.

Nous nous sommes regardés tous les trois. Il ne restait qu'une solution, la plus pragmatique et la moins onéreuse aussi : louer les services d'un agriculteur pour terminer la moisson. Nous étions début septembre. Nous avions dix mois devant nous pour trouver une nouvelle moissonneuse-batteuse. Pour parer au plus pressé, nous appelâmes un voisin à la rescousse.

Comme souvent, le provisoire devint la norme, bien malgré nous. Pendant les trois années qui suivirent, nous eûmes recours au même voisin pour nos céréales. Il n'y avait rien de pire que d'entendre les moissonneuses des autres agriculteurs passer sous nos fenêtres sans pouvoir nous joindre à leur cortège sonore sur les chemins de campagne. L'ambiance à la ferme n'était plus aussi festive que lors des étés précédents. Je ne sentais plus la même montée d'adrénaline que lorsqu'Augustin faisait bruyamment démarrer la moissonneuse-batteuse. Il n'y avait plus le pique-nique du midi aux champs, les éclats de rire, le goût de la poussière, l'odeur des foins. Nous étions réduits à réceptionner les bennes. Nous nous retrouvions dans la situation d'un musicien dont la chanson est interprétée par un autre sur scène ou d'un footballeur condamné au banc de touche pendant que ses coéquipiers marquent but sur but sur le terrain. Nous récoltions les grains, mais ils n'avaient plus le goût si particulier de notre sueur.

Dépendre d'un autre agriculteur pour les moissons, c'était aussi renoncer à être prioritaire. Le voisin s'occupait logiquement de ses terres avant de se consacrer aux nôtres. Si la pluie menaçait, il s'empressait de terminer ses parcelles. Les nôtres subissaient l'averse et nous étions condamnés à patienter jusqu'à ce que le soleil sèche nos céréales. Nous étions réduits à regarder tomber la pluie sous l'auvent de la grange, les bras ballants, impuissants face aux éléments.

Nous limitions la casse, c'est vrai. Nous aurions pu perdre l'ensemble de la récolte, être contraints d'acheter les grains beaucoup plus chers. Notre ego en a pris un coup, mais il est souvent indispensable de le mettre de côté quand on est agriculteur.

Un matin, Augustin arriva dans la chambre dont nous avions arraché la moquette rose pour en faire notre petit nid. Il avait un grand sourire au coin des lèvres, son téléphone dans la main.

— Regarde !

Il avait trouvé une petite annonce pour une nouvelle moissonneuse-batteuse. Elle était jaune, imposante, prometteuse. C'était une New Holland TX32, sa marque préférée, comme nos tracteurs.

— Je l'ai choisie parce qu'elle date de 1992.

Avec ces chiffres, il m'émut au plus profond de mon cœur : c'était mon année de naissance. Mais cette moissonneuse-batteuse présentait un inconvénient, et pas des moindres. Elle se trouvait à Herlin-le-Sec, dans le Pas-de-Calais, à une centaine de kilomètres de la ferme.

Un jour de semaine, nous entreprîmes le rapatriement de la machine. Nous étions tous les trois : Augustin au volant de la moissonneuse, Thomas et moi dans la voiture qui la suivait à distance, avec un gyrophare orange posé sur le toit et un énorme panneau à l'arrière, comme un mot d'excuse : « Convoi agricole ».

Il n'existe pas encore de GPS qui conseille d'itinéraire pour les moissonneuses-batteuses. Nous avons donc étudié la carte routière tous les trois sur la grande table de la salle à manger, esquissé au stylo un parcours pour ramener l'engin à bon port. Le tracé avait l'avantage d'éviter les grandes routes où le train-train de la machine aurait mis à l'épreuve les nerfs des automobilistes. Malgré toutes nos précautions, nous n'avons pas évité leurs coups d'accélérateur rageurs quand ils parvenaient enfin à nous dépasser sur une ligne droite assez large.

Nous avions quitté la quiétude de notre petite île et nous tanguions sur les flots de la vie urbaine, chahutés par un rythme effréné qui nous était étranger : des camions qui traversaient le centre de petits villages paisibles en nous collant comme pour nous renvoyer aux champs dont nous n'aurions jamais dû sortir, des automobilistes qui rentraient du boulot pour la pause déjeuner, d'autres qui revenaient de l'école avec les enfants, multipliant les appels de phare pour que nous nous écartions de leur chemin… Notre présence décalée sur les routes, à un moment où les champs de blé étaient encore verts, n'était pas tolérée. À croire que notre engin dérangeait plus encore que l'odeur du purin sur les champs.

Trop large pour croiser d'autres véhicules, la moissonneuse m'obligeait à descendre de la voiture pour m'improviser agent de la circulation et guider de la main les automobilistes. Trop haute pour passer sous les enseignes des magasins dans le centre des localités, je me retrouvais à nouveau au milieu des klaxons à aider Augustin à manœuvrer. Trop lente, elle bloquait les artères de la vie économique pendant de longues minutes. Notre moissonneuse-batteuse était un anachronisme sur les routes, comme si elle était sortie d'un musée rural consacré à l'agriculture. Notre présence dérangeait, perturbait la monotonie des lignes droites à travers les champs. Le monde agricole fait rêver, mais à la condition qu'il reste chez lui, de l'autre côté des barbelés.

Nous étions une attraction, aussi. Lorsque nous traversions un village, jeunes et moins jeunes s'arrêtaient pour nous regarder passer. Des rideaux bougeaient aux fenêtres, des hommes sortaient des bistrots pour authentifier l'origine du vacarme. Ils nous observaient interloqués sur le trottoir, mains dans les poches et clope au bec, comme s'ils contemplaient un défilé de cirque.

Lorsqu'Augustin négocia le dernier virage pour entrer dans la ferme, je sentis un gros soulagement. Nous avions rejoint sans encombres notre port d'attache.

Au volant de sa nouvelle moissonneuse-batteuse, de la marque de ses rêves, Augustin arborait un sourire qui m'émut. Je l'avais rarement connu aussi fier.

Les mains dans le lisier

Dimanche, 21 heures, un soir d'hiver. Pour rien au monde, je n'aurais raté ma série préférée. Augustin avait allumé le feu dans la cheminée en fin d'après-midi. La chaleur emplit peu à peu le salon. Toutes les conditions étaient réunies pour nous calfeutrer à la maison et passer la soirée entrelacés sous une couverture en laine devant le petit écran. Il ne manquait que les trois kebabs que j'avais commandés par téléphone, dont un sans frites à conserver précieusement pour le lendemain, comme l'exigeait mon époux.

Selon un rituel que nous avions mis au point au fil des week-ends, je pris ensuite la voiture pour récupérer notre dîner commandé dans une localité voisine. Le temps que le chauffage se mette en marche, je roulai en tremblotant, sans cesser de tourner nerveusement la tête de gauche à droite. J'étais sur mes gardes, même s'il était rare que je croise d'autres automobilistes sur la route le dimanche soir. Je n'avais mon permis que depuis quelques mois.

Si je l'ai passé peu après mes 18 ans, c'est qu'Augustin m'avait mis la pression, avec sa bienveillance habituelle. À ses yeux, la voiture faisait partie du kit de survie à la ferme. Il était tout bonnement inconcevable pour lui que je vive à la campagne sans savoir conduire. Dans les mois qui ont précédé mon anniversaire, il n'a cessé de m'encourager à passer le permis. Je n'avais d'autre choix que de devenir autonome pour faire les courses ou retrouver ma mère sans dépendre à chaque fois de lui pour qu'il me dépose et revienne me chercher.

Je n'ai pas eu besoin d'un dessin pour comprendre le message d'Augustin. Tous les soirs, au retour des cochons, je révisais mon code. Il était hors de question que je perde mon temps devant la télévision, même si j'avais terminé sur les genoux une pénible journée de travail. Mes efforts ont payé. Je l'ai eu du premier coup.

Pour la conduite, Augustin s'attendait à ce que je rencontre plus de difficultés. Je n'avais pas grandi, comme lui, en conduisant un tracteur depuis ma tendre enfance. Mais j'avais une motivation que je n'ai jamais osé lui avouer : je n'avais pas simplement besoin du permis pour acheter des kebabs le dimanche soir, il m'était aussi indispensable pour trouver des revenus à l'extérieur. J'avais la possibilité de garder des enfants à Abbeville. Cet à-côté, aussi modeste fût-il, nous permettrait de survivre. C'est donc la rage de nous en sortir qui m'avait donné la détermination d'apprendre à conduire.

— Qu'est-ce que tu es forte ! s'exclama Augustin à mon retour triomphal de l'examen.

Il avait toujours un mot gentil pour moi à chaque fois que je gravissais un nouvel échelon. Mais ce jour-là, quand il me serra dans ses bras avec fierté, il me fit une confidence à l'oreille qui me fit froid dans le dos :

— S'il nous arrive quelque chose, toi, tu arriveras à remonter parce que tu es plus forte que moi.

Il avait repris l'exploitation à la famille quelques mois plus tôt, à un prix beaucoup trop élevé. Tandis qu'il m'embrassait, je sentis mes jambes vaciller. Nous étions sur le *Titanic*. Pour la première fois, je perçus très distinctement la présence menaçante de l'iceberg.

À mon retour du restaurant, kebabs en main, le générique avait déjà commencé. Pendant mon absence, Augustin avait ajouté d'autres bûches dans la cheminée. Dès que je franchis la porte, je sentis l'odeur agréable de feu de bois qui donnait une ambiance chaleureuse à notre petit cocon. Largo se précipita à mes pieds, en aboyant de joie. Il était encore tout petit à l'époque. Après le décès du rottweiler, pour vaincre ma peur viscérale des chiens, Augustin avait eu la bonne idée de prendre un chiot pour qu'il grandisse à mes côtés. Nous nous sommes entendus tout de suite, même si nous frôlions parfois la catastrophe, comme lorsque j'avançai vers le salon avec les kebabs dans les mains et qu'il faillit me faire tomber en sautillant autour de mes jambes.

Plongés dans le canapé, nous dévorions à pleines dents notre repas, sous le regard implorant et irrésistible de Largo qui savait y faire pour obtenir quelques morceaux d'agneau. Ma tête blottie contre l'épaule d'Augustin, j'étais transportée dans une banlieue chic américaine, à des milliers de kilomètres de la ferme. Les truies n'avaient pas intérêt à couiner !

À force de les voir et les revoir, je connaissais par cœur les épisodes de ces *Desperate Housewives*. Mais je ne me projetais pas du tout dans une vie de femme au foyer : impossible de concevoir mes journées à la maison à attendre le retour de mon époux, ni dans une cage dorée comme celle de la série ni dans celle beaucoup plus agreste de la ferme.

Depuis mon arrivée, je cherchais ma place dans un monde qui m'était inconnu, parfois hostile. Je l'avais d'abord trouvée en tant que femme au foyer, c'est vrai. J'étais aux petits oignons avec Augustin, préparant les repas et son café au réveil. Je m'étais aussi rapprochée du grand-père, dont notre première rencontre n'avait pourtant laissé présager rien de bon. J'avais pris soin de lui après la tempête de neige de mars 2013 qui avait complètement isolé la ferme. Tout était blanc autour de nous. Les congères sur la route, dont le déblaiement n'était pas une priorité, privèrent pendant plusieurs jours le grand-père des soins des infirmières. Il avait perdu peu à peu la mobilité, les souvenirs et le goût à la vie. Je l'ai accompagné pendant ses dernières années. Mais je ne me serais jamais contentée de ce rôle. Je voulais devenir agricultrice. Mes vœux seraient bientôt exaucés.

Depuis plusieurs mois, Augustin tournait en rond, à la recherche d'une solution. Il souhaitait me donner un titre qui correspondait au travail que j'effectuais à ses côtés. Il avait pris des renseignements auprès de ses collègues et de la coopérative pour choisir la meilleure option. Jusqu'au jour où il m'annonça la grande nouvelle. Il m'avait nommée « conjointe collaboratrice ».

J'étais tellement heureuse que je sautai dans ses bras. Je ne pouvais rêver d'un plus beau cadeau de sa part. J'avais un statut, un rang, une profession ! J'étais entrée officiellement dans la vie d'Augustin le jour de notre mariage, célébré à Beaurainville, localité qui porte mon nom de famille – en d'autres termes sur mes propres terres, comme j'aimais m'en vanter, même si je n'avais pas un seul hectare.

Le jour où il me nomma « conjointe collaboratrice », il avait revêtu sa combinaison habituelle et je ne portais pas de robe blanche. Il n'y avait aucun cérémonial, pas de maire avec une écharpe tricolore à proximité. Pourtant, quand je rapprochai mes lèvres des siennes en lui murmurant « oui, je le veux », j'eus l'impression de revivre notre mariage. Cette fois-ci, j'embrassais sa profession.

Mais je ne souhaitais pas me contenter d'un titre. Je voulais un métier.

— Je ne veux pas servir à rien, expliquai-je à Augustin.

— Tu t'occupes déjà de la maternité.

— Ce n'est pas assez.

Depuis mon arrivée à la ferme, j'avais acquis les bases d'élevage. Je me sentais assez sûre de moi pour assumer plus de responsabilités. Je souhaitais décharger mon époux des nombreux tracas qui minaient sa santé pour qu'il se consacre entièrement aux cochons et aux céréales, les deux activités où il s'épanouissait réellement. Les comptes de l'exploitation le tracassaient jour après jour. Le cœur n'y était plus, comme je le constatais lors de nos parties de dominos que je remportais avec de plus en plus de facilité.

À force de le supplier, il accepta que je m'occupe de la partie administrative de la ferme, celle qui me révéla bien vite le côté obscur de l'agriculture, dont je soupçonnais à peine l'existence jusque-là, la partie immergée de l'iceberg.

En quelques semaines, je me métamorphosai. Assise à la grande table du salon, je multipliais le nombre de cochons par leur prix au kilo, je soustrayais les charges fixes, j'additionnais les subventions agricoles, je divisais le solde pour calculer nos salaires maigrichons. Si mon prof de maths au collège m'avait vue, il aurait cru sans doute qu'il y avait erreur sur la personne.

À chaque fois que nous inséminions les truies, je le notais méticuleusement dans l'agenda que je rangeais dans les étagères du bureau. Avec les céréales, j'en faisais autant. J'inscrivais la date des moissons pour chaque parcelle, précisant le rendement que m'avait donné Augustin afin de comparer ces chiffres à ceux des années précédentes. Je signalais aussi les jours où nous traitions les champs et avec quels produits, pour les montrer lors des contrôles que nous subissions. Ces annotations, aussi sommaires fussent-elles, étaient la mémoire de notre quotidien à la ferme. Notre carnet de bord. Il suffisait de regarder les quantités de pesticides épandues dans les champs pour comprendre si nous avions traversé le printemps par beau temps ou si nous avions affronté des tempêtes.

Ma mère non plus ne m'aurait pas reconnue. Avant ma découverte du monde agricole, j'étais persuadée d'être naturellement allergique au rangement. Je croyais ce défaut inné, qu'il manquait à mon ADN le gène qui m'inciterait à classer mes cours d'école ou à ranger ma chambre.

À la ferme, il se produisit un déclic. Je ne saurais dire ni quand ni pourquoi. Peut-être parce que je compris très vite que travailler avec du vivant ne m'autorisait pas à mener une vie oisive. Quand une truie mettait bas, je ne pouvais attendre que ma mère ou Augustin se lèvent pour moi. De même avec la paperasse. Il aurait été irresponsable d'accumuler les factures des fournisseurs au fond d'un tiroir sans affronter la réalité des chiffres.

Une fois par semaine, je m'installais à la grande table de la salle à manger et je classais dans des chemises en plastique les factures par société et par année. Je les rangeais ensuite dans des pochettes en couleur que je déposais sur les étagères après en avoir détaillé le contenu au feutre noir sur le côté. Quand j'avais besoin d'un document, je le retrouvais rapidement grâce à ce système de classification que j'avais improvisé. À la fin de l'année, j'apportais à notre comptable toutes les pièces dont il avait besoin. Elles étaient classées chronologiquement et par société.

J'adorais mon travail. Je passais des heures à faire le tri dans les papiers. La ferme avait révélé en moi des qualités dont je ne soupçonnais pas l'existence. N'est-ce pas l'essence même d'une vocation ?

Au cours de ces journées consacrées à la paperasse, je pris aussi la précaution de numériser les documents pour les archiver sur mon ordinateur portable. Je partais du principe qu'en cas d'incendie, il aurait été plus facile de sauver un laptop que les piles de dossier accumulées sur les étagères. Rétrospectivement, lorsque je me remémore ces instants où je classais les papiers le visage éclairé par les reflets bleutés de l'écran, je réalise à quel point je sentais le danger qui rôdait. Si la ferme n'a certes jamais brûlé, du moins au sens propre, j'avais déjà en tête une opération de sauvetage. Le temps de l'innocence avait pris fin.

Lorsque des couinements stridents se firent entendre, je reconnus sur-le-champ ma propre alarme de sécurité. Je posai aussitôt le balai contre le mur en parpaing et me précipitai vers la case d'où émanait l'appel de détresse, comme un pompier qui accourt sur la scène d'un accident. Comme je le craignais, la truie était affalée sur le flanc, les yeux fermés, prête à piquer un petit roupillon, probablement bien mérité, mais qui pourrait s'avérer mortel si elle ne se relevait pas immédiatement. J'ouvris la barrière en la faisant claquer bruyamment contre le mur et en poussant un cri aigu, dans l'espoir que mon intrusion intempestive l'effraierait et qu'elle se remettrait sur ses pattes. Elle ouvrit à peine un œil. Les porcelets, en revanche, détalèrent d'une manière désordonnée aux quatre coins de la case, abandonnant précipitamment les tétines de leur mère.

Ce n'est que lorsque je frappai son derrière de ma main qu'elle daigna enfin se lever, mais lentement, très lentement. Dieu que ces quelques secondes durant lesquelles elle tarda à trouver les appuis sur le sol pour se remettre sur ses pattes me parurent longues. Lorsqu'elle glissa sur ses excréments et retomba lourdement, les couinements cessèrent aussitôt. Je crus que la truie avait écrasé les derniers espoirs de survie. Mais je faisais erreur. Dès qu'elle parvint enfin à se redresser, les cris reprirent de plus belle. Il était là, complètement étourdi sur le sol, le petit porcelet sur lequel sa mère s'était couchée par inadvertance. Au bord de l'asphyxie, la couleur de son corps avait viré du rose au rouge. Il se débattit quand je le pris dans mes mains, agitant frénétiquement ses quatre pattes.

— Tu as de la chance que je ne sois pas en train de dormir, lui murmurai-je, en m'assurant qu'il n'avait rien de cassé.

Si l'accident avait eu lieu au cours de la nuit, le porcelet serait mort écrasé sous sa mère. J'aurais découvert son cadavre le lendemain matin au milieu des excréments.

Tandis que je rendais le porcelet miraculé à sa maman, je me demandais comment des truies, pourtant si affectueuses avec leurs petits, étaient capables de se coucher sur eux par mégarde et de les tuer sans s'en rendre compte. Comment pouvaient-elles rester insensibles aux couinements de leurs progénitures qu'elles achevaient d'une mort lente et atroce, alors qu'elles chérissaient le même porcelet quelques instants plus tôt en le léchant maternellement ou en le nourrissant généreusement ? Des mères prêtes à me mordre violemment pour défendre leurs petits, mais capables de les écrabouiller ensuite sous leur poids. C'était pourtant la principale cause de décès des porcelets à la ferme, bien plus que la diarrhée ou les infections. Les écrasements avaient lieu essentiellement pendant la première semaine après les naissances quand les petits étaient encore trop faibles pour se tirer d'affaire. Dans notre jargon, nous attribuions pudiquement ces morts aux aléas de l'élevage.

Les truies, j'avais appris à reconnaître chacune d'entre elles d'une portée à l'autre. Je ne leur avais pas donné de nom comme me l'avait recommandé Augustin, de crainte de m'attacher trop à elles. Mais je les distinguais les unes des autres au premier coup d'œil. Une tache sur le corps, un regard attendri, une façon de se comporter. Je savais lesquelles étaient les plus maternelles, les plus douces. Je reconnaissais aussi les plus coriaces, celles qui ne toléraient sous aucun prétexte que je touche à leurs porcelets. Je ne me risquais dans leurs cases que lorsqu'elles avaient le dos tourné pour dévorer leurs rations de céréales. Au fil des naissances, j'avais appris les rouages de la profession. Oublié l'écœurement de la première visite. Effacées, les craintes des premiers mois. La maternité était devenue mon terrain de jeu.

J'avoue que je m'amusais beaucoup avec les truies. Il m'arrivait de m'introduire dans leur case pour leur tenir compagnie. Je leur murmurais quelques mots en pliant leurs oreilles ou en les dépliant. Je les caressais, les câlinais. Il y avait de la tendresse dans mes gestes, dans ma manière de préparer avec soin la couche de la prochaine maman. Quand je savais que je n'avais rien à craindre de leur part, je m'allongeais aux côtés des gestantes sur la paille fraîche que je venais d'étaler sur le sol. Je m'adressais à elles comme si je prenais de leurs nouvelles. Je leur caressais la gueule sans craindre qu'elles ne confondent mes mains avec un complément alimentaire. Avec les cochons, je créais une relation identique à celle qu'Augustin avait lui-même établie avec eux. Il m'avait appris à les respecter, à ne pas les considérer uniquement comme un revenu financier, à chercher leur bien-être – à l'instar de la quasi-totalité des agriculteurs.

Mais qu'est-ce que j'en ai bavé pour être à la hauteur ! L'élevage, c'est physique, comme je m'en rendais compte à chaque fois que je remplissais au moulin des sacs en jute pour les truies gestantes. 50 kilos de farine à transporter ensuite sur un chariot jusqu'à la maternité où nous les superposions sur deux rangées. Une tonne d'aliments que nous répartissions ensuite aux cochons dans des seaux pendant deux ou trois jours. Puis, nous recommencions. Moulin, chariot, seau. Si un extraterrestre avait observé le temps et les efforts que nous consacrions à nourrir des cochons, qui ne faisaient rien de leur journée si ce n'est se goinfrer de céréales, il aurait éprouvé beaucoup de difficultés à comprendre que nous étions réellement les patrons.

Cette question, ma famille se l'est peut-être aussi posée. Quand ma sœur passait me voir, elle n'en revenait pas de me voir porter des sacs d'aliments aussi lourds. Elle ne supportait pas non plus l'odeur à laquelle je m'étais tellement habituée que je l'oubliais, du moins jusqu'à ce qu'une grimace contrariée sur son visage me rappelle de prendre une douche. Elle admirait toutefois mon courage, ma détermination aussi. Son regard me faisait du bien. Elle évaluait mes progrès, mesurait mon éloignement au fur et à mesure que je me métamorphosais en agricultrice.

Portée après portée, l'élevage avait de moins en moins de secrets pour moi. J'avais appris à préparer le sevrage des porcelets en leur donnant des aliments sucrés qui les détournaient peu à peu des tétines de leur mère. Cette nourriture était l'une des rares odeurs agréables de la maternité. Quand je plongeais mon nez dedans, elle me faisait penser à un paquet de bonbons Haribo que je dévorais avec la même précipitation que les gorets qui renonçaient progressivement au lait maternel. Il ne faut pas croire que le cochon se complaît dans ses excréments. Il a aussi ses caprices, ses faiblesses, l'envie de découvrir.

Lors de l'étape suivante, celle du sevrage, nous reconduisions les mères à la case départ, la partie de l'élevage où nous les laissions patienter jusqu'aux prochaines chaleurs. Dès leur départ, nous nous occupions du nettoyage de la maternité. Nous passions des heures à récurer le sol, à traquer le moindre germe, de peur qu'une maladie se propage à la ferme. Augustin entrait dans la case avec ses bottes en caoutchouc pour enlever d'abord les excréments qui dégageaient une odeur immonde, à la limite du supportable. Il passait ensuite la maternité au Kärcher comme on nettoie une voiture après avoir roulé dans la boue. À ses côtés, je frottais le sol pour arracher les dernières impuretés, les pieds dans l'eau sale qui s'écoulait vers la petite trappe au centre de la case, emportant avec elle toutes sortes d'immondices. J'avais parfois un haut-le-cœur lorsque mes yeux détectaient la présence d'un excrément plus dégoûtant que les autres, mais mon estomac tenait le coup. Je ne dirais pas que j'étais complètement blindée, mais je n'étais plus spectatrice. J'étais passée de l'autre côté de la barrière.

Des scènes ignobles, à la limite du supportable, j'en ai pourtant connu de nombreuses à la maternité, comme le jour où j'ai découvert un véritable charnier. Chaque jour, je faisais le tour des cases pour m'assurer que les gestantes se portaient au mieux. Chacune d'entre elles bénéficiait d'un régime particulier. Les plus faibles avaient droit à des rations supplémentaires de céréales. Les plus fortes à un peu de rab en guise d'encouragement. J'accordais la plus grande attention aux cochettes, ces jeunes truies qui s'apprêtaient à mettre bas pour la première fois. Elles nous réservaient parfois des surprises désagréables.

Un matin, peu après mon arrivée à la maternité, dans le vacarme des truies qui crièrent famine dès qu'elles remarquèrent ma présence, je découvris une scène dont les images hantent encore mes nuits. Une cochette avait laissé « couler » ses embryons, comme on dit dans le jargon. Une fausse couche comme il en arrive souvent, mais celle-ci était encore plus horrible que les autres. J'ai dénombré sur la paille pas moins de 17 embryons morts. Je vous laisse imaginer le dégoût avec lequel je les ai ramassés un à un. Une boucherie ! Dans ces moments-là, les envies de nausées me revenaient très vite. Mais quand je me retrouvais dans le feu de l'action, je surmontais mon dégoût.

Avec le recul, je me demande encore comment j'ai tenu le coup ce matin-là. Et les autres aussi ! Il y a tant de choses dont je ne me serais jamais crue capable… Depuis qu'Augustin avait repris la ferme à son compte, la porcherie avait changé. Nous avions augmenté la cadence pour vendre plus de porcs, le seul moyen dont nous disposions pour faire face aux échéances. Pour y parvenir, nous renonçâmes progressivement aux services hasardeux et périlleux du verrat. L'insémination artificielle des truies devint la norme. La charge de travail était importante, avec une douzaine de truies, parfois plus, à inséminer en trois jours. Mais je ne courais plus le risque de perdre un doigt, une main, voire un bras entre les dents d'une bête furieuse.

C'est moi qui me chargeais de cette opération déplaisante. La truie en chaleur était immobilisée devant moi. J'introduisais délicatement une sonde dans la vulve béante. Je patientais ensuite jusqu'à ce que le verdict tombe quatre semaines plus tard. Un spécialiste passait à la maison pour une échographie.

Si les truies étaient pleines, elles restaient à la maternité. Si ce n'était pas le cas, elles étaient recalées jusqu'aux chaleurs suivantes.

Au fur et à mesure que j'acquérais les connaissances, je pris totalement en charge les truies, de l'insémination au sevrage. Je m'assurais qu'elles avaient assez à manger pendant la gestation, puis lorsqu'elles nourrissaient leurs petits. Pendant les trois jours qui suivaient la mise bas, je passais de case en case pour vérifier leur température, si proche de celle du corps humain. Si elle était stable, autour de 37,5 degrés, je ne leur administrais pas d'antibiotiques. À 40 degrés, en revanche, je sortais la seringue pour les soigner. Augustin m'avait conseillé de n'avoir recours aux médicaments que s'ils étaient indispensables.

Dès que les truies étaient nourries le matin, j'entrais dans les cases pour vérifier la bonne santé des petits. Je traquais la moindre trace de diarrhée sur le sol comme un inspecteur qui suit les indices jusqu'à repérer le malade et l'isoler pour qu'il ne contamine pas l'ensemble de la portée. Parfois, il y avait des orphelins à gérer. C'était un casse-tête que de leur trouver une maman d'urgence pour les alimenter. Je découvris qu'il ne suffisait pas de jeter les porcelets dans la case voisine et de les mélanger avec la portée d'une autre truie pour que l'adoption soit couronnée de succès. Les règles de la nature sont bien plus complexes que je ne me l'imaginais. Pour que les orphelins aient des chances de survie, impossible de les remettre à une maman qui avait mis bas avant leur naissance. Rejetés, ils crevaient de faim les uns après les autres. Pour que l'adoption réussisse, il était indispensable que la truie ait eu ses petits quarante-huit heures plus tard. Il m'arrivait de ne pas disposer de maman de substitution remplissant ces conditions. Je maudissais alors cette nature sans pitié avec ses propres enfants.

Toutes ces connaissances, je les ai apprises en regardant faire Augustin au quotidien. Quand je prenais le relais, il supervisait mon travail, corrigeait mes erreurs, mais toujours avec pédagogie. Il me consolait quand je sanglotais contre le mur de la porcherie après la découverte d'une scène monstrueuse. À chaque fois qu'il intervenait à la maternité, il m'expliquait la marche à suivre, comme le jour où il me montra comment effectuer des piqûres aux porcelets trois jours après leur naissance pour leur donner du fer et les rendre plus résistants. Je l'observais avec attention, sachant qu'un jour je devrais planter moi-même l'aiguille dans la chair de l'animal.

Il n'y avait guère que les mises bas que je n'ai jamais su détecter avec la même précision que lui. Il m'arrivait de faire le tour des truies et de rentrer le soir à la maison avec la conviction qu'aucun porcelet ne perturberait notre sommeil. Avant de nous coucher, Augustin cassait mes rêves au retour de son inspection habituelle. Il avait repéré des naissances imminentes.

Mes amis n'en croyaient pas leurs oreilles quand je leur parlais de mes truies. Ils n'en revenaient pas que je passe autant de temps dans une odeur aussi écœurante, à tenir compagnie à des bêtes aussi répugnantes qui se complaisaient dans leurs excréments. Dans l'assiette, tout était bon dans le cochon. En revanche, l'élevage était moins appétissant. Il était pourtant indispensable que quelqu'un, quelque part, consacre son temps à ces bêtes pour nourrir ensuite ceux dont le cordon ombilical avec la nature avait été définitivement coupé.

Une petite fenêtre apparut dans le bas de mon écran pour me prévenir que j'avais reçu un courriel. Je reconnus immédiatement l'expéditeur. C'était la notification habituelle que nous recevions avec les prix payés pour les cochons partis à l'abattoir une semaine plus tôt. Un message routinier qui ne faisait habituellement que confirmer les estimations que j'avais faites sur mon téléphone peu après que le camion avait quitté la ferme. Je poursuivis ce que j'étais en train de faire sans ouvrir le message, assise à la table du salon, le visage éclairé par la lueur de l'ordinateur.

J'en aurais presque oublié de le consulter si je ne l'avais pas retrouvé une bonne heure plus tard dans ma messagerie, alors que je m'apprêtais à refermer mon portable. Le nombre de kilos et le prix de vente correspondaient à la louche à ce que j'attendais. Par conscience professionnelle, je poursuivis la lecture de la fiche. Soudain, je poussai un cri de joie. Je pris l'ordinateur dans mes mains sans le refermer et partis à la recherche d'Augustin.

Il se trouvait à la cuisine, toujours vêtu de sa cotte, les yeux fixés sur une chaîne d'infos. Quand il vit l'ordinateur dans mes mains, il redouta des ennuis financiers supplémentaires, mais mon sourire le détendit. Je lui annonçai la bonne nouvelle.

Je revois encore son visage s'éclairer, ses yeux se fermer pendant de longues secondes alors qu'il respirait profondément, comme s'il savourait cet instant qu'il attendait depuis si longtemps. Ce n'était pas tant le montant de la vente qui nous emplit de joie, mais la note qui nous avait été attribuée pour la qualité de nos cochons. Notre travail était toujours reconnu. Nous n'avions jamais moins de 14/20. Mais ce matin-là, nous avions obtenu la note la plus haute de l'histoire de l'exploitation, un 18/20 qui frôlait l'excellence. Je serrai Augustin dans mes bras et frissonnai en sentant ses larmes chaudes couler le long de mon cou. Nous en avions bavé pour maintenir l'exploitation à flot, nous n'avions jamais compté les heures passées à l'élevage, ni les sacs de grains que nous avions portés avec nos mains d'un bout à l'autre de la ferme, encore moins nos nuits blanches à fouiller des truies. Cette fiche était une consécration ! Celle d'une petite exploitation qui se battait pour sa survie et dont la qualité était sa raison d'exister. Une reconnaissance pour le travail d'Augustin, ses choix, sa manière d'élever les cochons, de les nourrir.

À la ferme, vous l'aurez compris, nous n'étions pas dans une logique productiviste. Notre objectif ne consistait pas à vendre un maximum de cochons. Leur bien-être était notre credo. Si nous avions eu plus de moyens, nous aurions investi pour améliorer les conditions d'élevage. Nous aurions préféré que les bêtes gambadent dans la nature, plutôt que sous la lumière blafarde des néons. Mais nous faisions de notre mieux, avec les moyens du bord, pour que leurs conditions de vie soient les meilleures possible.

Un 18/20… C'est fou comme une note perdue au fond d'une fiche administrative a transformé l'ambiance à la ferme. Pendant les jours qui suivirent, nous étions sur notre petit nuage. Nous reprîmes nos parties de dominos à la cuisine. Les éclats de rire résonnaient à nouveau dans le salon. Largo participait à la fête en sautillant autour de nous. Le dimanche suivant, nous marchâmes longuement sur les longues étendues de sable de la baie à marée basse. Je garde encore le souvenir d'un long baiser aux saveurs iodées que nous partageâmes dans les dunes avant de nous délecter d'un morceau de cabillaud dans un restaurant du bord de mer en amoureux. Cette note nous apporta un bol d'air dont nous avions tellement besoin…

Pendant quelques jours, nous avons oublié les découverts, les moments de colère ou de déprime. J'ai eu la faiblesse de croire que nous avions sorti la tête hors du lisier, que la ferme ne tarderait plus à devenir rentable, que nous étions sur la bonne voie. Je dorlotais mon époux d'un nombre incalculable de bisous.

— On va s'en sortir, lui murmurais-je tendrement à l'oreille.

Tous les efforts auxquels nous avions consenti se révélaient payants, enfin. L'iceberg s'éloignait… momentanément.

À la ferme, je prenais aussi soin de moi, au risque de susciter parfois des remarques désobligeantes et sexistes. Je n'ai pas oublié le samedi où je suis rentrée de chez Marie avec les ongles fraîchement refaits et que je suis tombée sur un proche d'Augustin que je n'ai pas hésité à qualifier de goret à deux pattes tant il m'accueillit grossièrement. J'avais l'habitude de me rendre chez mon amie toutes les trois semaines pour changer de vernis. Ces jours-là, je me libérais des cochons que j'avais nourris le matin même. Je passais un long moment sous la douche pour me défaire également de leur odeur, puis je saisissais mon flacon de parfum et m'en vaporisais abondamment pour réduire les dernières poches de résistance. J'enfilais une robe courte. Je détachais mes cheveux, signe extérieur qui révélait que la ferme me libérait. Je n'étais plus paysanne. Je redevenais femme.

Avant de sauter dans la voiture, je rejoignais Augustin que je consultais toujours avant de refaire mes ongles. À chaque fois, il insistait pour que je choisisse une couleur rose, peut-être par déformation professionnelle, comme je le lui faisais remarquer. Il savait très bien que je détestais cette couleur qui me renvoyait à ma vie antérieure de petite fille et aux porcelets qui accaparaient mon quotidien sans partage, ou presque. Ce jour-là, comme d'habitude, je repoussai son idée et proposai à la place une couleur bordeaux.

J'adorais ces moments que je passais chez Marie, confortablement installée dans un fauteuil, les pieds en éventail, les bras tendus devant moi. Quel délice ! Du farniente, rien que du farniente pendant quelques heures. C'étaient mes rares moments de vacances. Des instants de relaxation, d'évasion, parfois aussi de libération. Je trouvais auprès de Marie une oreille attentive. Je lui parlais de mes rêves, des vacances à la Réunion que j'aurais tant aimé offrir à Augustin, de l'enfant que je ne parvenais pas à avoir. Je lui livrais mes tourments, mes angoisses aussi. La dépression d'Augustin qui le clouait au lit et laissait peser sur moi des responsabilités auxquelles je n'étais pas forcément préparée. La pression financière qui se resserrait… Ma vie quotidienne claquemurée à la ferme qui ressemblait de plus en plus à Alcatraz.

Marie connaissait bien mon époux pour avoir fréquenté les mêmes bancs d'école. Nos chemins s'étaient croisés. Elle avait rompu avec le monde agricole de ses parents pour s'installer à son compte ; j'avais fait le parcours inverse en plongeant tête la première dans l'exploitation. Elle passait son temps à soigner les mains du voisinage ; je trempais les miennes chaque jour dans les excréments des truies. Elle avait le souvenir des difficultés à la ferme ; je les vivais en direct.

Au fil des changements de couleur de mes ongles, une grande et belle amitié est née entre nous. Je n'avais ni la foi pour m'agenouiller dans un confessionnal et raconter ma vie à un prêtre ni la tentation de me rendre à l'heure de l'apéro au bistrot du coin pour confier mes déboires aux habitués, accoudée au comptoir devant un verre de Ricard. Heureusement, j'avais Marie et ces quelques heures que je passais auprès d'elle. J'avais confiance en elle. Je savais que tout ce que je lui racontais ne sortirait pas des quatre murs de son salon. Elle trouvait les mots justes pour apaiser mes craintes. Elle me parlait de sa propre expérience ou de celles d'autres agricultrices anonymes qui lui avouaient aussi leur désarroi. Elle a toujours été de bon conseil.

Quand mon escapade de deux heures prenait fin, avant de tourner la clef de contact, je posais mes mains sur le volant et contemplais longuement mes ongles refaits. Au-delà de leur éclat retrouvé, de leur nouvelle couleur, ils me rappelaient pourquoi j'avais choisi cette vie. Cet amour immense que je ressentais toujours pour Augustin. Je savais que je lui plairais à mon retour. Et rien que pour retrouver le premier regard qu'il porta sur moi, cela valait le coup de passer trois nouvelles semaines à tremper mes ongles écarlates dans le lisier, pour ne pas dire tout bonnement dans la merde, et à ouvrir les mauvaises nouvelles que nous apportait le facteur.

Le jour où Marie a posé un vernis rouge bordeaux sur mes ongles, j'étais partie si loin que j'en avais oublié les activités qui m'attendaient à mon retour. Avant de sortir de la voiture, je fouillai dans mon sac à main pour en extraire un petit miroir et un rouge à lèvres d'un ton très proche de celui de mes ongles. Je l'appliquai autour de ma bouche, avant de claquer la portière et de partir à la recherche d'Augustin. Je traversai la cour d'un pas léger, libérée des soucis qui encombraient mon esprit.

Je me suis alors retrouvée devant une scène en total décalage avec mon humeur joviale et romantique : je faisais face à Augustin et à l'une de ses connaissances qui tenait à la main un gros couteau de boucher. À leurs pieds gisait un cochon qu'ils venaient d'abattre et qu'ils s'apprêtaient à saigner. L'odeur de la porcherie, que j'avais esquivée jusque-là, se rappela aussitôt à mon bon souvenir.

Ce retour à la réalité fut d'autant plus cruel que l'homme qui se tenait aux côtés d'Augustin m'a souhaité la bienvenue avec peu d'égards pour la femme de son ami. Pendant que j'avançais dans sa direction, je sentis son regard s'attarder sur les bottines noires à talons que j'avais chaussées ce matin-là, celles que mon époux m'avait offertes et qu'il adorait que je porte lorsque nous nous rendions ensemble chez des amis ou que nous sortions au Touquet. Ses yeux remontèrent le long de mes jambes et j'eus la sensation gênante qu'il me déshabillait du regard quand il atteignit l'ourlet de ma petite robe noire, juste au-dessus du genou. Il me dévisagea ensuite et je sentis que mon maquillage le dérangeait. Cet homme n'imaginait pas la tempête qui s'approchait de lui au son des talons qui écrasaient le gravier. Il suffisait d'une étincelle pour que l'orage éclate. Ce sont mes ongles qui l'ont déclenché.

— Tu ne dois pas avoir souvent les mains dans la merde ! rigola-t-il quand je m'arrêtai devant lui, en contemplant ma manucure avec un sourire en coin.

Il était plus âgé qu'Augustin. Tous deux se connaissaient depuis de longues années. J'aurais pu la boucler et rentrer pleurer dans ma chambre. La présence de cet individu et du cochon qui pisserait bientôt son sang avaient contrarié mes plans. Mais il était hors de question que je m'écrase. « Tu ne dois pas avoir souvent les mains dans la merde » : il allait m'entendre ce petit bonhomme qui prétendait être issu d'une caste d'agriculteurs plus pure que la mienne. Je ne tolérais pas qu'il réduise à néant en une seule phrase mon travail quotidien, les sacrifices auxquels je consentais chaque jour pour être à la hauteur de ma tâche ! Oui, j'aimais bien m'habiller quand je m'échappais de la ferme. Oui, je me maquillais y compris lorsque j'allais faire les courses au supermarché. Oui, je rendais visite à Marie pour refaire mes ongles. Mais le reste du temps, j'avais les mains dans la merde, pour reprendre ses termes, peut-être même plus que lui.

Dans mon regard, il sentit la fureur sur le point de déferler sur lui. Augustin resta silencieux, pas mécontent que je remette son ami à sa place.

— Allez, saigne ton cochon que je te montre ce que je fais de mes mains !

Sans qu'il en prenne conscience, j'avais inversé les rôles. Il saisit alors son couteau et trancha la gorge de la bête. Le sang encore chaud se mit à couler à flots dans le seau que tenait Augustin pour le récolter. Nous en ferions par la suite un délicieux boudin enveloppé dans les boyaux nettoyés et raclés de l'animal.

Sans détourner le regard de cette source d'où jaillissait la mort, je m'agenouillai auprès du récipient et je plongeai mon bras dans le seau, les doigts écartés. Je n'avais pas pris la peine de mettre un gant. Je voulais répondre au poids des insultes machistes par un geste provocateur. Tout en remuant le sang, j'ai relevé la tête pour défier du regard l'homme qui se tenait penaud devant moi, les mains encombrées par un couteau dont il ne savait plus quoi faire. Il y eut un silence qu'Augustin tarda à interrompre. Il releva lentement la tête pour trouver les yeux écarquillés de son ami.

— Tu vois. Il ne fallait pas l'énerver.

Oui, il était préférable de ne pas m'énerver. D'autres en ont fait l'expérience, des machos, mais pas seulement. Un voisin doit se souvenir encore du jour où il a eu le malheur de croiser mon chemin. J'avais pris l'habitude de me rendre au bar-tabac du village voisin pour acheter des cigarettes, souvent en fin d'après-midi avant d'aller aux cochons. Je ne m'y attardais guère. Juste le temps de passer ma commande et de payer. En attendant la monnaie, il m'arrivait d'écouter les conversations pour me mettre à la page des derniers ragots, qui me faisaient sourire. À l'exception du jour où un inconnu entra dans le bar au moment où je m'apprêtais à en partir.

Quand je m'évadais de la ferme, j'avais parfois l'impression d'être une espionne épiant les discussions du voisinage sur notre compte. J'avais l'avantage de ne pas être du coin. Mon visage n'était pas familier pour la plupart des commères. Il est vrai qu'elles n'avaient guère le loisir de me voir avec

Augustin. Lorsque nous sortions ensemble, nous poussions plus loin que le voisinage immédiat pour prendre l'air. Drapée dans cet anonymat qui me convenait à ravir, je moissonnais les on-dit et les triais ensuite pour ne ramener à la maison que ceux qui prêtaient à une franche rigolade avec Augustin, lui épargnant les plus offensants. Car tout ce que j'entendais n'était pas forcément bon à dire à la ferme.

J'avais ainsi gardé pour moi ce commentaire saisi à la volée tandis que je faisais la queue derrière deux dames âgées au distributeur de billets. « Quelle idée d'épouser une fille de la ville trouvée sur Internet ! » Quand l'une d'entre elles s'était retournée, elle m'avait reconnue, à en croire le coup de coude qu'elle avait donné à son amie pour la faire taire. Elles m'avaient dévisagée, surprises par mon maquillage soigné et ma tenue. « Tu vas au bal ? » avais-je lu dans leur regard, comme le jour où un agriculteur m'avait fait cette réflexion en me découvrant en robe sur un tracteur.

C'est également ainsi que j'appris que nos difficultés financières n'étaient plus un secret pour personne, que le monde agricole n'avait aucune pitié pour ceux qui avaient un genou à terre, comme nous.

« Ils ont acheté une moissonneuse-batteuse, mais ils ne paient même pas les fermages à la famille », entendis-je un jour à la boulangerie.

Sacrilège ! Que n'avions-nous pas fait ! Notre insouciance emportait la famille tout entière au fond du gouffre.

« Ils vont mettre la clef sous la porte », assuraient d'autres mauvaises langues à la boucherie.

« Ils auront dilapidé en quelques années ce que le père et le grand-père avaient construit au prix d'énormes efforts. »

À les entendre, nous étions criblés de dettes. Notre radeau était sur le point de sombrer dans les turbulences financières.

Et puis, il y avait cette honte indescriptible à la caisse du supermarché lorsque j'avais recours à des tickets alimentaires. La caissière qui ne comprenait pas, qui m'obligeait à lui expliquer à haute voix qu'il ne s'agissait pas de Ticket-Restaurant, et les gens qui tendaient l'oreille dans la queue derrière moi.

« Des tickets alimentaires ? C'est bien ce qu'elle a dit ? Mon Dieu ! Ils ont l'eau jusqu'au cou ! »

L'argent n'a certes pas d'odeur, contrairement à notre ferme qui était repérable loin à la ronde. Mais pour moi, il en avait bien une, celle de la mort qui rôdait autour de l'exploitation, qui attirait les charognards et les colporteurs de ragots.

Dans la plupart des cas, je gardais le silence de peur d'être repérée. Mais il m'était parfois impossible de me taire. C'était un combat de tous les jours de me faire respecter, aussi bien auprès de la banque que de la coopérative ou encore des voisins, voire parfois des inconnus, comme celui qui entra dans le bar-tabac au mauvais moment.

Le client lança un « bonjour » grognon dès qu'il franchit le pas de la porte. Il se dirigea directement vers le comptoir où il avait visiblement ses habitudes puisque le patron posa aussitôt un verre de pastis sur le zinc sous son nez sans qu'il ait eu besoin de passer commande. C'était l'heure de l'apéro pour le commun des mortels. Pour moi, c'était celui de la brève récréation que m'accordait la ferme. Je me retournai pour observer le nouveau venu tout en ramassant l'une après l'autre les pièces de monnaie que le cafetier avait déposées sur le comptoir. Il avait la cinquantaine et portait une veste en jean qui aurait pu avoir le même âge tant elle était délavée. D'un mouvement brusque de la main, il saisit la carafe d'eau qui se trouvait à mes côtés sans me prêter la moindre attention. Il noya avec beaucoup de modération son pastis. Ce n'est qu'après avoir bu sa première gorgée et s'être léché les babines, histoire de ne pas en perdre une goutte, qu'il lança à la cantonade :

— Ça pue ! Les S. épandent encore de la merde !

Le propriétaire blêmit, conscient de l'incident diplomatique qui avait éclaté sous ses yeux. À mon regard, il comprit que je ne laisserais pas passer.

La prononciation hargneuse du nom de la famille de mon mari avait interrompu le geste que je m'apprêtais à faire pour prendre mes clics et mes clacs et rentrer à la ferme. Ma main gauche, avec mon alliance bien en vue, était restée posée sur le paquet de cigarettes sans bouger. Je n'en revenais pas. Mon voisin de comptoir s'en était pris non seulement à mon mari, mais il avait surtout dénigré notre travail, comme si nous étions des pestiférés.

À l'extérieur, la nuit tombait. Si je prenais le temps de répondre, j'arriverais probablement en retard à la ferme pour m'occuper des truies. Elles crieraient à mon retour pour exprimer leur mécontentement. Mais je ne pouvais laisser passer.

C'était un après-midi d'automne, la période où nous épandions du lisier fumant sur nos champs pour les fertiliser. Un traitement naturel qui aurait certainement déplu aux narines sensibles de mon voisin... mais il se trouvait que nous n'avions pas disséminé le moindre excrément de cochon sur nos champs ce jour-là.

— Si ça pue, vous pourriez demander d'abord qui épand de la merde avant de nous accuser.

J'ai bien cru que l'homme allait s'étrangler avec son pastis. Il posa son verre et se confondit en excuses. Je ne voulus rien entendre. Je lui fis, au contraire, une courte leçon improvisée, histoire de lui apprendre à distinguer au nez le lisier de porc de celui de vache, qui était celui qui empestait la campagne au-dehors. L'odeur humide de bouse m'écœurait, contrairement à celle de nos cochons, beaucoup plus sèche et respirable. Dans mon élan, je m'autorisai une brève digression sur la puanteur des poulaillers, qui vous envahit sans que vous vous en rendiez compte pour ne plus vous lâcher de la journée. J'ai quitté le bar-tabac en lui faisant part de ma disponibilité pour l'aider à parfaire ses qualités olfactives s'il en sentait le besoin. Agricultrice dans un monde d'hommes, éleveuse de cochons dans un univers qui ne supporte plus le moindre désagrément : je n'avais pas choisi l'intégration la plus aisée.

Mes cheveux étaient trempés par la pluie qui avait commencé à tomber dans la nuit. Saturées, les gouttières ruisselaient de toutes parts. L'eau qu'elles déversaient émettait en tombant sur le sol le même son saccadé qu'un ruisseau en crue. Parfois, de fortes rafales de vent détournaient les gouttes de leur trajectoire verticale pour les rabattre contre les murs blancs de la porcherie. Drôle de nuit pour une rencontre.

— Je n'ai pas l'habitude de venir chez vous, commenta la vétérinaire en me serrant la main.

Elle se tenait dans la pénombre, le visage à peine baigné par la pâle lumière qui éclairait la cour. Elle avait ouvert son parapluie en descendant de la voiture et proposa de le partager avec moi pour rejoindre la maternité. J'ai refusé poliment avant de parcourir à vive allure les quelques pas qui nous séparaient du bâtiment.

Je ne me souvenais plus exactement quand le déluge avait commencé. J'étais certaine qu'il ne pleuvait pas lorsque j'avais traversé la cour à grandes enjambées peu après minuit. C'était donc pendant que je secourais la truie que l'averse était arrivée. J'étais tellement affairée à l'aider à mettre bas que je n'avais pas entendu les premières gouttes rebondir sur la toiture. À aucun moment je ne m'étais doutée que les éléments se déchaîneraient à ce point à l'extérieur. Mais je n'avais que faire du mauvais temps. J'affrontais moi-même une tempête, seule à la barre de l'exploitation. Augustin ne m'était d'aucun secours. Il était complètement déprimé au fond du lit qu'il avait déplacé dans la chambre où nous avions passé notre première nuit d'amour. Il ne supportait plus de dormir dans la pièce où son père était décédé.

Depuis sa dépression, j'avais pris le relais à la ferme. Je revêtais mon anorak aux alentours de 22 h 30, chaussais mes bottes de sûreté et je courais jusqu'au hangar pour mettre en marche le moulin. Puis je traversais la cour en quelques enjambées pour rejoindre la maternité et effectuer une dernière inspection avant la nuit. Nous étions en période de mises bas. Jusqu'à présent, aucune truie ne m'avait causé d'autre souci que de raccourcir mon temps de sommeil en me maintenant éveillée, parfois jusqu'à l'aube. Mais lorsque j'aperçus l'une d'entre elles couchée sur le sol, je n'eus guère besoin d'appeler mon époux à la rescousse pour scruter sa vulve ou tâter ses tétines. Cela sautait aux yeux. Elle était sur le point de mettre bas.

Quelques heures plus tard, j'ai terriblement regretté l'absence d'Augustin à mes côtés. Je ne savais que faire. La bête avait la bouche ouverte, haletait lourdement et gémissait de douleur.

— Nooooon ! me suis-je écriée, me prenant la tête entre les mains.

C'était le pire scénario possible. Je maudis la dépression d'Augustin, cette ferme sans pitié et tous ces porcs qui dormaient paisiblement autour de moi tandis que j'observais à la lumière d'une lampe chauffante rouge la vulve béante d'une truie qui avait besoin de mon aide pour donner naissance à ses petits. Seule, elle n'y parviendrait pas. Mes paroles apaisantes et mes caresses ne l'épargneraient ni elle ni sa portée. Je devais agir, vite !

Mon premier réflexe fut d'appeler au secours, mais je me suis immédiatement rendu compte de l'inutilité de ce SOS lancé dans la nuit. Il n'y avait personne pour y répondre. La grand-mère dormait profondément et mon époux était tourmenté par ses fantômes. Je sortis au pas de course de la maternité en laissant la porte en bois claquer derrière moi. Une fois dans la maison, je me précipitai dans la chambre d'Augustin au cas où… Il ne pouvait rien pour moi. Je déchantai. Le voir dans un tel état m'était insupportable. Je rejoignis le bureau où j'avais rangé la paperasse de la ferme. Une minute plus tard, je composai le numéro de portable que j'avais retrouvé. La vétérinaire de permanence prit mon appel.

De retour auprès de la truie, je me rendis compte que son état s'était détérioré pendant ma brève absence. Elle souffrait. Je l'entendais souffler de plus en plus lentement, comme si elle s'était résignée à mourir en donnant la vie. Je ne pouvais la laisser crever sans rien tenter. Il y avait bien une solution, mais je n'étais pas sûre d'être à la hauteur des circonstances. Tant pis, je tentai le coup.

Dans la pénombre de la porcherie, je me suis cognée aux murs en courant. J'ai renversé sur mon passage un sac de grains qui ruisselèrent comme de l'eau sur le sol. J'ai ouvert les portes de l'armoire où Augustin conservait précieusement les grandes seringues et les flacons d'ocytocine. Ils étaient à leur place habituelle. Je poussai un gros « ouf » de soulagement. Il ne restait plus que la tâche la plus ardue à accomplir, piquer la truie à un endroit bien précis derrière l'oreille.

Quand je revins auprès d'elle, je n'avais plus le moindre doute. Il fallait que je passe à l'action. Je tendis la main à travers la grille comme me l'avait appris mon mari. J'écartai son oreille à la recherche du lieu exact où il plantait l'aiguille. Je l'avais vu faire tellement de fois... mais maintenant que je me retrouvais à sa place, je n'étais plus sûre de rien. J'ai débouché le flacon qui contenait le liquide transparent et j'ai aspiré le contenu avec la seringue. Jusqu'à cette nuit pluvieuse et de solitude, je n'en avais utilisé que de beaucoup plus petites pour administrer du fer aux petits porcelets nés trois jours plus tôt.

Lorsque je posai la longue et fine aiguille derrière l'oreille à l'endroit que je pensais être le bon, j'ai été saisie de doutes. Et si je me trompais ? Mon dilettantisme achèverait cette pauvre bête et condamnerait ses petits. J'en mesurais les conséquences. Après pareille erreur, j'aurais atteint mon seuil d'incompétence. Mes rêves de devenir agricultrice passeraient à la trappe avec le lisier que je nettoyais chaque matin. Dans le silence qu'aucun autre animal ne brisait, comme s'ils suivaient avec attention tous mes faits et gestes, j'entendis la truie gémir lorsque je la caressai brièvement. Je n'étais pas sûre que la bête survive jusqu'à l'arrivée de la vétérinaire. Son état se dégradait à vue d'œil. Quitte à la perdre, autant tenter le tout pour le tout.

Mes mains n'ont pas tremblé quand j'ai enfoncé profondément l'aiguille. Sa tête ne bougea pas. Elle émit à peine un léger couinement. À l'aide de mon pouce, j'injectai lentement l'ocytocine. Les vingt minutes qui suivirent furent parmi les plus longues que j'ai vécues à la ferme. Je marchais sans cesse autour de la cage, à la fois à l'affût du moindre signe d'amélioration de la truie et d'un bruit de moteur à l'extérieur qui annoncerait l'arrivée de la vétérinaire. Au fil des minutes, je sentis la respiration de la bête se normaliser. J'étais rassurée. Je ne l'avais pas tuée. Puis, j'observai de légers mouvements de la vulve qui m'ont fait croire à une reprise des contractions. Au bout d'une vingtaine de minutes, exactement comme me l'avait enseigné Augustin, deux petits ont vu le jour coup sur coup. C'étaient les porcelets les plus mignons, les plus adorables que j'avais jamais vus. Je les saisis immédiatement pour les sécher avec la poudre que j'avais prise avec moi. Je leur donnai un petit bisou avant de les relâcher pour qu'ils courent se nourrir auprès de leur mère.

Dans les minutes qui ont suivi, je suis passée de l'euphorie à l'inquiétude. J'attendais l'arrivée des porcelets suivants, prête à les saisir et à les sécher. Mais il n'y en eut plus. Je sentis des grosses gouttes de sueurs froides couler le long de mon dos. Je n'avais guère envie de tenter ma chance une seconde fois avec l'ocytocine. Je devais patienter une heure encore avant de planter à nouveau l'aiguille dans la peau rêche de la maman, avec le risque de la tuer par amateurisme. J'étais dépitée, assise à même le sol, les jambes repliées contre mon torse et la tête posée sur mes genoux, lorsque j'entendis le bruit lointain d'une voiture. Je me levai d'un bond et me précipitai dans la cour sans prêter la moindre attention à la pluie qui tombait avec force. Le crissement du gravier mouillé se fit entendre lorsque la vétérinaire tourna pour entrer dans la cour. Les phares de la voiture m'ont éblouie. Je me tenais debout devant elle, complètement trempée, donnant probablement l'impression que j'avais perdu la tête. Je ne prêtais guère attention aux gouttes qui ruisselaient sur mon visage. Je n'avais à l'esprit que la truie qui risquait de nous lâcher. La vétérinaire était arrivée à temps.

Dès qu'elle découvrit la maman et les deux porcelets qui avaient trouvé le chemin des tétines, elle remarqua le flacon vide d'ocytocine et se demanda probablement pourquoi je l'avais réveillée en pleine nuit. Je lui confiai mon inexpérience dans ce genre de situation, mon appréhension à fouiller moi-même la maman pour en extraire d'autres petits. Elle déballa ses affaires devant moi, déplia un long gant orange comme ceux qu'utilisait Augustin en pareille circonstance. Elle l'enduit de gel avant d'entrer dans la case.

Je connaissais par cœur tous les gestes qui se succéderaient à partir de cet instant. La vétérinaire introduirait sa main gantée dans la vulve et la remuerait jusqu'à ce qu'elle parvienne à dégager le porcelet coincé. Si elle n'était pas arrivée à temps, je n'aurais pas eu d'autre choix que de fouiller moi aussi le ventre de la maman. Mais je craignais l'accident, d'arracher par erreur le placenta ou un autre organe vital qui aurait entraîné une hémorragie et la mort de l'animal. J'étais rassurée que les mains expertes de la vétérinaire assument cette tâche.

Au bout de quelques instants, elle se redressa en faisant attention à ne pas écraser les deux porcelets qui gigotaient sur le sol. Elle retira son gant, leva sa tête coiffée d'une charlotte.

— Il n'y en a plus ! diagnostiqua-t-elle.

À ce moment précis, je sentis une grande vague d'émotion remonter le long de mon dos trempé. Je bondis de joie en tapant des mains. Je réalisais que j'avais sauvé seule la truie et sa petite portée. J'avais été à la hauteur.

Quelques instants plus tard, après le départ de la vétérinaire, lorsque je rentrai me coucher, j'avais l'espoir qu'Augustin serait fier de moi. J'avais géré une mise bas comme il me l'avait appris. Mais il dormait profondément et je fis tout mon possible pour me glisser dans le lit sans le réveiller.

Mon neveu Alan est monté à quatre pattes sur le tas de féveroles pour redescendre aussitôt comme sur un toboggan en levant les bras et en criant :

— Waouh !

Dès qu'il toucha le sol, il se releva et nettoya la poussière accumulée sur son short d'un geste rapide de la main. Puis il entreprit à nouveau une escalade plus difficile qu'il n'y paraissait. Les grains qui se dérobaient sous ses pieds l'empêchaient de trouver un appui solide. Parfois, il dégringolait de quelques pas. Après chaque chute, il reprenait son ascension avec un entêtement qui m'était familier. J'en avais fait preuve à chaque fois que la ferme m'avait fait trébucher, le nez dans le lisier.

Le temps des moissons était revenu. Comme chaque été, ma famille nous avait rejoints pour partager quelques journées radieuses avec nous. La poussière soulevée par la moissonneuse avait le goût de la liberté. Il y avait une ambiance de fête à la ferme.

Lorsque nous nous retrouvions le soir autour du barbecue, l'odeur des merguez donnait un parfum de vacances à l'exploitation. Nous sortions de notre isolement, nous retrouvions le grand air.

Pendant ces quelques jours, la ferme prenait l'allure d'un parc d'attractions avec les cris de joie des enfants qui rompaient la monotonie habituelle. En leur présence, le travail sur les champs brûlés par le soleil devenait presque un loisir, un divertissement. Aaron et Evan montaient sur le tracteur pour sauter à pieds joints dans le champ de blé. Augustin prenait mes neveux et ma nièce Eden à tour de rôle sur sa nouvelle moissonneuse-batteuse pour faire un tour avec eux. Ils s'asseyaient sur ses genoux et posaient leurs mains sur le volant. Ils étaient si fiers de prendre les commandes de cette machine redoutable ! Avec leur bonne humeur et leur émerveillement, ils contribuaient à leur manière à recueillir les fruits d'une année de travail. Qu'il était réconfortant d'observer ces enfants qui jouaient aux agriculteurs, de trouver dans leurs yeux brillants la reconnaissance du travail qui nous manquait le reste de l'année. Le bonheur de mes neveux donnait un sens à tous nos sacrifices.

Le matin, dès qu'ils entendaient le moteur de la moissonneuse-batteuse, ils sautaient du lit et demandaient quelle parcelle était au programme de la journée. Ils tournaient autour d'Augustin pendant qu'il faisait une réparation, bondissaient sur la clef anglaise pour la lui remettre dès qu'il tendait la main. Tout au long de la journée, ils couraient à travers les champs fraîchement coupés, s'écorchaient les genoux en tombant sur la terre asséchée par le soleil. Quand je les emmenais à la maternité, ils s'émerveillaient devant les porcelets qui venaient de naître. Craintifs, ils les prenaient dans leurs petites mains, les relâchaient précipitamment dès que la mère émettait un grognement.

Le soir, quand nous rentrions à la maison, ils remettaient à Augustin un dessin qu'ils avaient pris le temps de colorier sur la table de la salle à manger en nous attendant : un tracteur avec de grands pneus qui crachait du feu, une moissonneuse-batteuse avec mon époux au volant qui avançait, fier comme un conquistador, au milieu des champs de blé, ou encore des petits cochons souriants et attendrissants.

Dans les yeux fascinés de mes neveux et de ma nièce, la ferme faisait encore rêver. J'y retrouvais l'idéal qui m'avait séduite lors de mes premières moissons, celui de vivre à la campagne en devenant agricultrice. J'oubliais la face cachée de l'agriculture, beaucoup plus cruelle que ne pouvait l'imaginer un petit garçon tout sourire sur les genoux de son oncle tandis que la moissonneuse avançait dans les champs un soir d'été.

Avec ces enfants, la ferme retrouvait de la vie, de l'espoir aussi. Ils nous rappelaient à quel point nous faisions un beau métier. Nous en avions bien besoin. Quelques mois plus tôt, j'avais retrouvé mon époux au bout d'une corde. Je l'avais décroché à temps, mais la mort rôdait encore dans la ferme…

Quelle tristesse inconsolable pour moi de n'avoir pas pu lui donner un enfant ! Après l'échec des deux fécondations in vitro auxquelles je m'étais soumise, nous avions congelé trois embryons. Je voulais donner la vie pour sauver celle d'Augustin. C'était mon plus grand et dernier espoir.

Pendant les moissons, quand nous nous retrouvions avec ma sœur après avoir couché les enfants, à ces heures tardives où l'obscurité abritait les discussions d'adultes au son des grillons, je répétais que je voulais me battre encore et encore. Assis sur le banc en bois que nous avions installé face au potager, tandis que nous contemplions au loin les champs moissonnés sous le clair de lune, nous évoquions l'avenir incertain de la ferme. Ma sœur me donnait son point de vue sur nos conditions de vie, sans concession aucune. Elle ne saisissait pas le sens de notre démarche, ne comprenait pas que nous consentions à autant de sacrifices pour survivre avec quelques poignées d'euros par mois. La ferme, à ses yeux, nous privait de tant de plaisirs, de tant de bonheurs que connaissaient les jeunes de notre âge. Elle nous empêchait de vivre. Je lui rétorquais que l'exploitation était ma vie, qu'il ne pouvait y avoir de bonheur plus grand pour moi que celui de la partager avec mon grand amour.

Quand elle nous rendait visite, elle nous regardait surmonter des épreuves, souvent éprouvantes, parfois écœurantes, tragiques aussi, hélas. Elle se demandait combien de temps nous serions capables de survivre dans l'environnement inhospitalier de notre petite île.

Comme ma détermination ne faiblissait pas, qu'elle mesurait à quel point j'aimais mon métier et qu'elle réalisait que j'aimais Augustin plus que tout, ma sœur évoqua une sortie de secours, un soir où nous nous étions retrouvés dans le jardin : une alternative à l'élevage traditionnel que nous exercions. Elle tenait à l'époque un magasin bio dans le centre de Montreuil. Au quotidien, elle rencontrait les consommateurs dont nous étions séparés par un nombre incalculable d'intermédiaires anonymes qui se succédaient depuis le départ de nos cochons pour l'abattoir jusqu'à ce que le jambon trouve sa place dans une assiette. Dans les conversations avec ses clients, elle percevait une tendance qui se renforçait au fil des années, une demande de produits bio qui se généralisait, non seulement dans les quartiers aisés des grandes villes, mais aussi à Montreuil.

Avec Augustin, nous l'écoutâmes sans l'interrompre. Nous étions conscients nous aussi de l'essor que connaissait le bio. Mon époux en avait parlé avec les autres membres de la coopérative pour se forger sa propre opinion. Il n'était pas contre la conversion, mais il en redoutait les conséquences désastreuses sur notre production de céréales. Il s'imaginait au volant de son tracteur luttant contre la maladie avec des moyens dérisoires lors d'un printemps désespérément pluvieux comme celui que nous avions connu cette année-là. Dans l'aventure, il aurait perdu une grande partie de la récolte et nous n'aurions pas tardé à mettre la clef sous la porte.

— Nous traitons les champs pour éviter la maladie. Le bio ne traite rien et la maladie est pourtant là, commenta Augustin, tandis qu'il surveillait du coin de l'œil les dernières braises allumées du barbecue.

Il était à la fois ulcéré et désemparé par ces citoyens qui exigeaient de l'agriculteur qu'il prenne tous les risques sans en partager aucun, refusant souvent de débourser le moindre centime supplémentaire pour des produits bio. Notre cochon était de qualité, comme l'attestaient les notes que nous recevions lors de chaque vente. Notre viande ne rapetissait pas dans la poêle en lâchant de grandes quantités d'eau comme celle que proposaient les supermarchés. Que pouvait-on faire de mieux ?

Dans le silence de cette nuit estivale, que le brise-vent perturbait à peine, ma sœur réalisa qu'elle prêchait des convaincus. Nous étions conscients des dangers des produits phytosanitaires pour notre santé, des risques qu'ils nous faisaient courir lorsque Thomas ou Augustin les épandaient sur les champs. À la ferme, le temps où les agriculteurs les utilisaient naïvement était révolu. À chaque fois que mon époux sortait les bidons pour remplir le pulvérisateur, il prenait d'infinies précautions, comme s'il manipulait des produits explosifs ou des virus nocifs. Je le vois encore ajouter un tablier sur sa combinaison pour ne pas traîner avec lui le restant de la journée ce danger invisible qui frappait sans prévenir. De ses mains gantées, il ajustait le masque qui protégeait sa bouche et son nez, puis il mettait d'épaisses lunettes pour s'abriter les yeux. Il était méconnaissable dans cette tenue qui me rappelait les images de ceux qui travaillent dans des centrales nucléaires.

Quand arrivait le moment d'épandre les produits sur les champs de féveroles, il redoublait de prudence. Les produits pour ces légumineuses sentaient affreusement mauvais. Il m'interdisait d'ailleurs de sortir de la longère quand son frère traitait la parcelle voisine qui faisait près de dix hectares. « Décroche le linge et ne sors plus », m'a-t-il conseillé un après-midi de mai, comme s'il décrétait l'alerte générale. Mais je me suis laissée distraire par le potager après avoir rangé le linge et j'étais encore dans le jardin à cueillir des fraises lorsque Thomas commença à épandre les produits sur la parcelle. Je n'ai jamais vu Augustin aussi furieux. Il me passa un savon mémorable, me reprochant mon inconscience. Penaude, je rentrai à la maison et contemplai par la fenêtre de la cuisine le petit nuage que laissait traîner le pulvérisateur derrière le tracteur.

Quelques heures plus tard, quand j'ai mis le nez à la fenêtre, l'odeur était encore très présente. Elle avait supplanté celle habituelle de la porcherie. Je compris alors pourquoi Augustin s'était emporté. Il était hors de question qu'il m'expose aux maladies qui avaient emporté son grand-père, peut-être son père aussi. Mon époux craignait tellement leur toxicité qu'il avait mis Largo à l'abri.

Alors oui, nous étions conscients des dangers des traitements. Bien sûr, nous épandions ces produits avec modération, de manière raisonnée, pour reprendre les termes officiels. Je suis convaincue que nous faisions partie des agriculteurs des environs les plus conscients des enjeux environnementaux. Augustin préférait perdre du rendement plutôt que de traiter les champs massivement, comme le faisaient certains voisins. Mais de là à faire un triple saut dans l'inconnu, sans aucune garantie de retomber sur nos pattes…

— Quand on gagne 200 euros par mois comme vous, on n'a plus rien à perdre, répliqua ma sœur, dans une ultime tentative pour nous pousser à changer de culture.

Augustin répondit d'un regard désemparé. Je m'employai à traduire en mots son silence.

Passer au bio, ce n'était pas si simple. Il n'y a que les citadins pour croire que les agriculteurs peuvent changer leur façon de travailler d'un coup de baguette magique. Pour rompre avec des décennies de culture traditionnelle, il aurait d'abord été nécessaire de convaincre la belle-famille, qui avait un droit de regard sur notre travail. Je souris en imaginant la tête des grands-parents après leur avoir appris que nous passions au bio pour les champs et que nous nous apprêtions à lâcher les porcs dans la nature pour qu'ils gambadent à l'air libre et se vautrent dans la boue en couinant sous leurs fenêtres. Leur soutien n'était pas gagné !

Et puis, il y avait l'incontournable question financière, celle qui hantait déjà mes jours et mes nuits. Passer au bio, c'était renoncer à une partie des subventions que nous recevions. Et puis, un investissement de 100 000 euros était indispensable pour lancer le projet. Où trouver cet argent ? Nous n'en avions pas. Notre banquier n'aurait certainement pas vu d'un bon œil notre demande de soutien. Si nous avions eu une situation financière beaucoup plus solide ou des aides à la conversion plus importantes, peut-être aurions-nous franchi le pas. Mais nous étions enfermés dans un système de production agricole, sans aucune possibilité d'en sortir. Une impasse.

Pourtant, l'une des pistes évoquées par ma sœur me séduisait beaucoup. Elle nous parla des circuits courts, de ce besoin du consommateur de s'approvisionner auprès des producteurs du coin au fil des saisons, plutôt que d'acheter des fruits, des légumes et de la viande qui traversaient les océans en fond de cale pour être déversés dans les rayons des supermarchés. L'idée de vendre notre propre viande à la ferme me tentait. Elle aurait porté le nom d'Augustin ou celui de la ferme écrit sur l'emballage. Dans notre petit magasin, j'aurais acquis une nouvelle formation, celle de responsable commerciale. Je me voyais déjà parler longuement aux clients de notre viande comme un vigneron présente son vin lors d'une dégustation au domaine. Je leur aurais longuement décrit les conditions d'élevage des cochons ; vanté leur alimentation à base de farine produite par nos soins ; résumé les soins que j'apportais moi-même aux truies pour qu'elles mettent bas en plein air dans des conditions idéales ; énuméré fièrement les notes que nous avaient octroyées les spécialistes pour la qualité de notre viande. Pour rendre les odeurs plus agréables au nez des visiteurs, je n'aurais pas hésité à mentionner le fumier 100 % naturel que nous récupérions nous-mêmes pour fertiliser nos champs. J'aurais sans doute rembarré ceux qui auraient prétendu en savoir plus que moi pour avoir simplement regardé un reportage consacré à l'élevage porcin sur Arte.

J'étais convaincue que les circuits courts, c'était l'avenir. Hélas, nous ne pouvions court-circuiter le passé que nous traînions derrière nous.

La fosse aux lions

Un soir d'un été que je souhaitais sans fin, juste avant le coucher du soleil, je pris Augustin par la main pour faire quelques pas dans le jardin. C'était un dimanche. Il s'était débarrassé de sa combinaison habituelle et de ses bottes encombrantes après avoir abondamment nourri les cochons le matin, et avait revêtu un jean noir et une chemise bleu marine, prêt à prendre le volant pour nous rendre sur le bord de mer. Nous avions évoqué cette escapade tandis que nous déjeunions. Quelques pas au crépuscule dans les dunes avant un repas en amoureux sur une terrasse. J'étais passé la veille chez Marie pour me refaire les ongles. Pour faire plaisir à Augustin, j'avais choisi le rose.

Avant de le rejoindre dans la cour, d'où il scrutait l'horizon appuyé sur le toit de son Alfa, je m'étais enfermée dans la salle de bains pour me maquiller et enfiler une robe bleue très courte qu'il adorait. Nos sorties se faisaient tellement rares depuis la dépression d'Augustin que j'avais choisi de profiter le plus possible de ces rares moments de *carpe diem* que nous concédait l'ingrate et radine exploitation : quelques pas au Touquet pour retrouver la chaleur humaine dont la ferme nous privait égoïstement, un bain de foule pour nous rappeler que nous travaillions avant tout pour vivre, pas uniquement pour survivre... Il suffisait de quelques heures, pas beaucoup plus, pour que le charme opère. Au milieu de badauds anonymes et d'autres couples d'amoureux, nous nous retrouvions paradoxalement tous les deux, alors que nous passions le reste du temps en vase clos.

Mais ce dimanche-là, quand je sortis de la salle de bains, je n'avais plus aucune envie de quitter la ferme, tel un canari qui continue à se balancer en sifflotant dans une cage dont il a pourtant remarqué que la porte était ouverte. Je souhaitais profiter de la torpeur des derniers jours d'été, avant que l'automne n'efface ces bons moments avec ses brumes qui assombriraient le paysage et nos vies de reclus. Comme si je jouais à la marelle, je guidai Augustin en sautillant sur un pied d'une tommette à l'autre jusqu'au portail qui donnait sur les champs moissonnés qui bordaient l'exploitation. Il me suivit jusqu'au chêne qui avait perdu quelques feuilles lors de sa dernière bataille contre l'orage qui s'était abattu sur la ferme quelques jours plus tôt. Nous nous assîmes à même le sol, à l'ombre de son épaisse frondaison, dos appuyés contre son écorce rugueuse. Pas un bruit ne perturbait notre silence. Aucune moissonneuse ne parcourait les champs en urgence pour terminer le travail avant l'arrivée de l'automne. Le blé était déposé en lieu sûr, les autres céréales également. Aucun porc n'émettait le moindre râle comme si la chaleur leur était enfin supportable après la canicule qu'ils avaient subie en août. Nous avions été contraints de les asperger d'eau pour les rafraîchir, d'ouvrir toutes les fenêtres de la porcherie pour déclencher des courants d'air qui s'avérèrent peu efficaces.

Même le chêne restait muet, comme pour mieux écouter notre silence. Pas un seul bruissement de sa volumineuse frondaison ne perturbait la paix éphémère qui nous enveloppait. Nos yeux étaient fixés sur la boule de feu qui disparaissait à l'horizon, au-delà de ce plat pays qui était le nôtre.

Je pris la main d'Augustin dans la mienne. Je croisai son regard attendri et me blottis contre sa poitrine. J'étais tellement heureuse de partager ces quelques instants avec mon époux dans cette enclave romantique au milieu de ce monde de porcs.

Je lâchai la main d'Augustin pour caresser l'écorce robuste du chêne, lui qui avait tenu bon face aux bourrasques qui avaient traversé les océans pour s'abattre sur lui.

Je murmurai à son oreille mon espoir que la ferme résiste elle aussi, comme cet arbre vénérable et respectable sous lequel nous étions assis. Elle était prise dans des turbulences derrière lesquelles se cachait non pas la fureur de la nature, mais la main nuisible de l'homme. À l'image du chêne qui nous abritait, je la croyais suffisamment solide pour vaincre les vents mauvais.

Trois générations s'étaient succédé sur ces terres. Le grand-père et le père d'Augustin y avaient trouvé le repos éternel. Ils étaient tous deux enterrés au cimetière municipal, au bout de l'une de nos parcelles. Augustin avait tardé de longues années avant de m'emmener sur la tombe de son père. Comme s'il craignait de me faire découvrir ce sanctuaire qui n'était séparé des champs que par des murs épais, que je réalise que la mort côtoyait la ferme. Les générations précédentes reposaient dans cette terre dont Augustin connaissait si bien les secrets, sa générosité et ses caprices. Les coins les plus fertiles, les plus rocailleux, ceux où l'eau stagnait après l'averse où les vers se multipliaient plus vite qu'ailleurs. Cette terre sacrée qui dévorait ceux qu'elle avait nourris, comme si elle reprenait son dû.

Trois générations, cela pouvait paraître infime au regard de ce chêne qui contemplait le paysage depuis au moins un siècle, mais c'était bien assez pour s'enraciner solidement sur cette terre, aussi ingrate fût-elle.

Je saisis une feuille de lierre, une plante rampante venue de nulle part qui, sans le chêne, aurait été condamnée à l'anonymat de la verdure environnante. Elle l'avait entrelacé au point d'en devenir indissociable, sans se douter un moindre instant qu'il pourrait ployer lors d'une bourrasque et rompre pour s'écraser sur le sol avec elle.

Quand le soleil disparut complètement et que la nuit s'empara du paysage, le couple qui rentra ce soir-là bras dessus bras dessous à la maison n'avait plus la fougue des jeunes années. Mais tous deux se sentaient forts, prêts à résister à toutes les tempêtes qui s'abattraient sur eux.

Au fur et à mesure que les problèmes s'enchaînaient, le côté sombre de l'agriculture noircit mes rêves de jeune fille. Les porcelets me faisaient de moins en moins sourire lorsqu'ils remuaient leurs groins pour me renifler. Aux montées d'adrénaline que me procuraient les moissons au début succédèrent les angoisses que suscitaient les ratés du moteur de la moissonneuse-batteuse ou les aléas climatiques qui menaçaient la récolte. La moindre contrariété déstabilisait un peu plus l'équilibre financier de la ferme.

Il y avait surtout la première tentative de suicide d'Augustin, et sa dépression qui requérait toute mon attention pour éviter une rechute. Plus j'assumais des responsabilités à la ferme, plus je réalisais qu'il n'y avait pas que du bon dans le cochon, surtout dans les professions qui tournaient autour de la ferme comme des requins affamés, et parfois comme des charognards prêts à se battre pour dépouiller la carcasse de la ferme. Des « partenaires » qui se croyaient incontournables parce que nous étions contraints de les supplier pour qu'ils délient les cordons de la bourse. Des banquiers qui faisaient la pluie et le beau temps sur l'exploitation et qui s'attribuaient sur elle un droit de vie ou de mort, comme un proconsul romain qui abaissait son pouce avec lassitude au bout d'un ennuyant après-midi de jeux du cirque.

Même s'il n'était pas drapé dans une toge blanche et s'il ne portait pas une couronne de lauriers sur le crâne, le directeur de notre agence bancaire nous fit passer sous les fourches caudines lors d'un rendez-vous qui n'aurait dû être qu'une formalité. Comme à son habitude, Augustin gara son Alfa devant la baie vitrée de la succursale, située sur une petite place où étaient concentrés la plupart des commerces et où régnait une ambiance printanière. Comme d'habitude également, notre conseillère avait fixé cette rencontre en début d'année pour nous accorder l'avance sur les subventions que nous devions toucher de la PAC[1]. Des papiers à signer. La routine. Comme d'habitude encore, nous avons poussé la porte vitrée de la succursale en milieu d'après-midi, dans cette tranche horaire que les cochons laissaient vacante dans notre agenda quotidien. Comme d'habitude toujours, la conseillère nous fit patienter dans son bureau aux parois vitrées, dont le mobilier aseptisé était couvert de brochures aux

1. Politique agricole commune, en d'autres termes les subventions européennes.

titres qui rivalisaient de générosité pour séduire les agriculteurs comme nous. Au passage, je remarquai que le slogan qui évoquait le « bon sens » paysan du temps du grand-père s'était effacé pour laisser sa place à « Toute une banque pour vous ». J'aurais dû me méfier. Cette nuance révélait un changement d'identité, une appartenance désormais assumée au monde de la finance.

Et en effet, quelque chose ne tournait pas rond. Notre conseillère s'était absentée pour annoncer notre arrivée au directeur de l'agence. Lorsque je l'entendis prononcer avec gravité « ils sont là », je compris qu'une surprise désagréable nous attendait. Dans ma tête, je passai en revue l'état de nos comptes que j'avais consultés la veille. Les traites de nos prêts étaient payées sans retard. Nous étions limite, comme toujours depuis qu'Augustin avait repris l'exploitation, mais nous n'étions jamais dans le rouge sur nos comptes professionnels. À titre personnel, nous étions parfois à découvert, mais dans les limites tolérées par notre contrat. Face à la chaise vide, nous nous impatientâmes. Il n'y avait aucun autre client au guichet. La succursale était plongée dans le silence. « C'est un guet-apens », ai-je compris, mais trop tard.

Lorsque la conseillère réapparut pour prendre place derrière son bureau, elle laissa la porte ouverte. Ce n'était pas dans ses habitudes non plus. Elle tapota sur son clavier.

— Avance sur PAC, articula-t-elle à haute voix.

Nous n'avons guère eu le temps d'aller plus loin. Un « bonjour » autoritaire interrompit la conseillère. Le directeur de l'agence nous serra la main, puis contourna le bureau pour se placer face à nous, à contre-jour, à côté de son employée. Il est resté debout, comme pour laisser comprendre qu'il n'avait pas de temps à perdre. Il portait son costume noir habituel, une cravate rouge qui égayait sa tête des mauvais jours. Nous le connaissions bien pour avoir traité avec lui depuis notre installation. C'est lui qui nous avait obtenu le crédit pour l'achat de la moissonneuse-batteuse, lui encore qui nous avait accordé un découvert autorisé de 500 euros sur nos comptes personnels.

Il s'était positionné devant la vitrine de la banque, de sorte que nous étions aveuglés par la lumière extérieure. Il toussota pour s'éclaircir la voix. Un déferlement de reproches comme je n'en avais jamais entendu s'ensuivit.

— Arrête les cochons. Gare des caravanes, lança-il à Augustin.

En traduction, notre élevage était une chimère, notre ferme ne valait rien. Il n'y avait que nos terres qui intéressaient les exploitations voisines. Pour le reste, autant donner de la confiture aux cochons.

À mes côtés, Augustin pâlit. J'entendais son cœur qui battait la chamade. Je lui pris le poignet pour lui rappeler qu'il n'était pas seul. Il ne comprenait pas plus que moi le lien entre le bâtiment où nous engraissions nos bêtes et les caravanes, entre la ferme bruyante et malodorante que nous faisions vivre et le hangar silencieux qui nous priverait de ce que nous avions bâti ensemble.

Comme mon époux ne trouvait pas les mots pour se défendre, le banquier haussa le ton. Je ne l'avais jamais entendu parler avec autant de vulgarité.

— Tu nous saoules avec tes cochons. Tu ne pourras pas en vivre !

Augustin encaissa les coups les uns après les autres, sans se défendre. Il regardait ses souliers. Ce n'était pas dans son habitude de parler, de se justifier, de défendre la qualité de son travail. Il était abattu, défait, inconsolable. Moi-même, je n'en menais pas large. Je me raclai la gorge avant de prendre la parole. Le banquier m'observa avec dédain, comme s'il voulut me faire comprendre qu'en tant que femme d'agriculteur, je devais me contenter du rôle d'observatrice, à l'instar de notre conseillère qui n'avait plus prononcé un mot depuis l'irruption de son patron dans le bureau. Je ne me laissai pas intimider par son regard noir. Je lui rappelai que notre production était passée de 265 à plus de 800 porcs par an.

— Trois fois plus ! m'emportai-je.

Je réalisai soudain à quel point ces chiffres étaient dérisoires pour un banquier. Il devait soutenir des exploitations rentables qui produisaient dix fois plus de porcs que la nôtre, voire beaucoup plus. Des fermes automatisées dont les cochons étaient alimentés grâce à un programme informatique qui épargnait à son propriétaire de se lever aux aurores pour courir avec des sacs de céréales d'un bout à l'autre de la porcherie. Je me rendis à l'évidence. La hausse de la production importait aussi peu au banquier que la qualité de notre élevage attestée par les excellentes notes que nous obtenions à chaque fois. La loi du marché était de son côté, celle du plus fort aussi. Je me retrouvai à court d'arguments.

Il ne me restait qu'une seule option : plaider coupable devant ce tribunal autoproclamé qui nous condamnait sans donner la parole à la défense. Je vous prie de m'excuser, Monsieur le Notable, d'avoir travaillé sans compter pendant dix ans. Punissez-moi, Votre Honneur, pour avoir eu l'outrecuidance de croire que la qualité de mes cochons l'emportait sur la quantité. Condamnez-moi aux fers, Votre Altesse, pour n'avoir pas découvert moi-même le filon doré du stationnement de caravanes. Pardonnez-moi, Seigneur, si j'ai péché par avarice en vivant dans le stupre avec 200 euros par mois.

À cet instant, j'aurais dû me lever pour l'interpeller directement. « Savez-vous ce que c'est de mettre les bottes chaque matin pour enlever la merde des cochons ? » Dans mon plaidoyer, je m'en serais pris à ces gens qui prétendent « travailler » avec nous, les agriculteurs, qui ignorent l'être humain qui se cache derrière les chiffres qui défilent sur leurs écrans. À l'image des généralistes qui consultent notre « dossier médical », les banquiers se plongent dans notre « dossier », comme ils disent, pour évaluer notre santé financière. À partir de nos revenus, le directeur de l'agence avait établi un diagnostic qu'il prétendait incontestable : la maladie de la ferme était incurable.

Si je devais lui chercher des circonstances atténuantes, à ce banquier, précaution qu'il n'avait pas prise à notre égard quand il s'était érigé en procureur, je n'en aurais retenu qu'une seule. Il avait peut-être voulu nous transmettre un message. Sans doute avait-il raison, sur le fond, de nous encourager à chercher une autre activité. Mais sur la forme, il semblait avoir complètement oublié que nous étions des êtres humains. Quel manque d'humanité que de pourfendre ainsi un agriculteur qui a déjà un genou à terre !

À notre sortie de l'agence, mon époux me confia les clefs de la voiture. Il n'était plus en état de conduire. Dès que nous arrivâmes à la ferme, il se réfugia dans sa chambre, me laissant seule, complètement seule au milieu du salon. Je n'entendais plus rien, ni les hurlements insatiables des cochons qui perdaient patience ni les aboiements inquiets de Largo qui me donnait le vertige à force de tourner autour de moi. Il n'y avait que la voix du banquier qui me revenait comme une litanie : « Tu nous saoules avec tes cochons ! » J'étais prise dans un énorme tourbillon, la ferme coulait par le fond, emportant mon mari et toute ma vie avec lui. « Tu nous saoules avec tes cochons ! » Je vacillai sur mes jambes. Je crus que je m'écroulerais sur le parquet, que je ne bougerais plus jusqu'à l'arrivée des secours. « Tu nous saoules avec tes cochons ! » Quels secours ? Tu rigoles ? Le banquier était le seul capable d'empêcher le naufrage et il avait fait demi-tour pour rejoindre des eaux plus paisibles. « Tu nous saoules avec tes cochons ! » hurlait-il à l'arrière de son yacht, les mains en porte-voix pour mieux se faire entendre.

Je titubai jusqu'au canapé et me laissai tomber dedans comme dans un canot de sauvetage. Je respirai profondément. Le banquier disparut au large. Ses mots revenaient comme un écho de plus en plus lointain. « Saoules… Saoules… Saoules… » Puis, je ne l'entendis plus du tout.

Je n'ai aucune idée du temps que j'ai passé sur le canapé. Je ne me souviens que du bourdonnement lointain et indescriptible que je perçus lorsque je revins à moi. C'est à ce moment-là que j'échappai au silence. Je me frottai les yeux, que je refermai entretemps comme si je cherchais la bonne fréquence pour identifier le message. Le vacarme s'amplifia.

— Putain, les cochons ! m'exclamai-je, en bondissant hors du canapé.

Quand je pense à cette fin de journée, je ne sais plus où j'ai trouvé la force de m'occuper seule des bêtes, puis le lendemain, puis le surlendemain et tout le week-end. La ferme m'a endurcie. Elle m'a appris que pour devenir agricultrice, maintenant qu'Augustin n'était plus en mesure de me protéger, je ne pouvais pas me contenter de mes bottes de sûreté. Je devais me blinder derrière une carapace.

Soudain, l'accident. Celui qui se produit au plus mauvais moment, comme un pneu qui éclate alors que vous foncez sur l'autoroute pour retrouver votre enfant à l'école après une journée de boulot. C'était à la maternité. J'avais nourri les truies comme tous les matins. Augustin m'avait ensuite rejointe pour le grand déménagement. Une opération routinière, que nous renouvelions tous les trois mois après le passage du camion et le nettoyage à fond des cases : le transfert des porcelets après le sevrage vers l'autre aile du bâtiment, celle de l'engraissement. Ils suivaient un parcours sinueux en courant et en se cognant les uns contre les autres pour rejoindre leurs nouveaux quartiers.

Comme à mon habitude, je me trouvais dans le couloir, collée à la barrière métallique pour laisser assez de place aux petits cochons qui défilaient devant moi. Mon rôle était de faire avancer les plus récalcitrants, ceux qui s'arrêtaient en chemin, souvent dispersés par leur curiosité naturelle à renifler les abords du couloir. Dès que je tapais dans les mains, le retardataire sursautait et partait se réfugier dans le gros du peloton. Ce n'était pas un lâcher de taureaux comme à Pampelune, juste quelques dizaines de jeunes cochons, très vifs, qui pesaient tout de même une quarantaine de kilos chacun. Par expérience, je savais que certains marcheraient sur mes pieds, mais je n'avais rien à craindre. J'avais enfilé mes bottes de sécurité.

Je ne me souviens plus exactement du geste qui a tout déclenché. Je me suis probablement tournée en direction de la porte par laquelle apparaîtraient les bêtes. Au cours de ce mouvement banal, j'ai dû m'appuyer imperceptiblement sur mon genou gauche. Il m'a lâchée. Ce fut fulgurant. Je n'ai pas eu le temps de saisir la barrière avec mes mains ou de m'agripper au mur. Je me suis écroulée sur le sol en béton comme si j'avais été foudroyée sur place. Impossible de m'appuyer sur les mains ou sur ma jambe droite pour me redresser. J'étais immobilisée. Avant même que j'aie eu le temps d'appeler Augustin au secours, je vis les premiers cochons qui franchissaient la porte. Ils fonçaient sur moi. Mon visage était à la hauteur de leurs groins qu'ils remuaient nerveusement, effrayés par mon époux qui les avait lâchés en poussant quelques cris à l'autre bout du couloir. Il était trop tard pour les arrêter.

Avant de me retrouver au sol, j'avais reconnu le claquement sec ressenti au niveau du genou. La douleur aiguë qui suivit me fit pousser un cri strident qui passa inaperçu entre ceux des porcs. Je sus immédiatement que la rotule s'était à nouveau déboîtée, que je ne parviendrais pas à la remettre en place pendant les quelques secondes qui me restaient avant que les cochons n'arrivent sur moi, comme la première fois où la défaillance de mon genou gauche m'avait propulsée au sol.

C'était chez ma sœur, une année avant ma rencontre avec Augustin. Je n'oublierai jamais la surprise de me retrouver par terre sans comprendre ce qui m'arrivait. Un étonnement initial qu'une douleur intense avait rapidement écrasé pour laisser place à une grosse crise de panique. Ce n'était pas tant cette faiblesse de mon corps qui me préoccupait, mais le bébé que je serrais dans mes bras.

À partir de ce premier accident, les défaillances de mes genoux devinrent presque une habitude.

Mais ce matin où je me suis retrouvée nez à nez avec les cochons dans le couloir, je n'en menais pas large. Je n'ai eu ni le temps ni la force de me retourner, ou de me recroqueviller contre le mur, juste le réflexe de tourner mon visage vers le sol et de me protéger la tête avec les mains. J'ai fermé les yeux. Je sentis un premier pied heurter mon tibia, les onglons d'un autre animal s'enfoncer douloureusement dans ma chair au niveau des reins et perçus ensuite plusieurs coups sur le dos de mes mains. Un cochon glissa et s'écrasa lourdement sur mon dos, lâchant un couinement assourdissant. Les bêtes m'ont piétinée comme si je n'existais pas. Quand Augustin accourut à mon secours, les porcs avaient déjà rejoint leurs nouveaux quartiers. Il me redressa en me prenant sous les épaules, puis m'évacua du couloir en me traînant sur le sol. J'observai alors les hématomes que les bêtes avaient laissés sur mes mains. J'avais protégé mon visage, mais je n'osais imaginer le reste de mon corps.

La ferme ne me concéda aucune période de convalescence pour me remettre physiquement et psychiquement de cet accident. Aucun congé maladie. Dès le lendemain, une attelle fixée à ma jambe, je repris mon poste à la maternité. J'avais de gros bleus sur tout le corps, mais mon sens de l'humour demeurait intact, comme le constata Augustin dès que je finis de nourrir les cochons.

— Si je devais accoucher un jour, avec tout ce que j'ai déjà subi, je n'aurai plus besoin de péridurale !

C'était avant que la mairie d'Abbeville ne supprime tous les feux de circulation. Je klaxonnai furieusement la voiture qui tardait à démarrer devant moi. Je vis l'automobiliste sursauter sur son siège, puis son regard médusé qui m'interrogeait dans son rétroviseur. « Pourquoi tant de précipitation ? » Il m'a sans doute prise pour une Parisienne pressée de rejoindre la plage ou le périphérique engorgé. Je rentrais à la ferme après avoir gardé les enfants, l'activité extérieure qui garantissait un revenu fixe mensuel à la ferme, quand j'entendis une information à la radio qui me mit hors de moi. Juste avant de passer à la météo qui s'annonçait clémente pour le restant de la semaine, le journaliste annonça, passant comme un chat sur la braise, une « dernière nouvelle » qui venait de tomber et dont il ne mesurait manifestement pas l'importance. Il avait probablement retenu cette info par précaution lors de la préparation de son flash d'actualité, au cas où elle se révélerait plus cruciale qu'elle n'en avait l'air. Il ne perdrait pas d'auditeurs en la glissant subrepticement à la fin de son journal qu'il avait ouvert énergiquement avec les résultats sportifs de la veille et des faits divers qui défrayaient la chronique. « Enfin… dit-il avant de conclure son flash, marquant une pause pour reprendre son souffle. L'Union européenne a annoncé la signature du CETA avec le Canada. »

L'automobiliste devant moi fut mon souffre-douleur. Comme pour me narguer, il démarra lentement tandis que je ne décolérais pas. Je donnai un nouveau coup de klaxon, que je laissai retentir pendant de longues secondes. Comment pouvait-on signer des traités pareils ? D'ailleurs qui se cachait derrière ce *on* impersonnel et irresponsable qui négociait des accords commerciaux avec le reste du monde ? Des tonnes de viande s'apprêtaient à inonder le marché à des prix défiant toute concurrence tandis que nous, à la ferme, nous survivions avec 200 euros par mois.

Le CETA, un acronyme prononcé avec circonspection par le journaliste qui ne se doutait, pas plus que moi d'ailleurs, qu'il correspondait à l'anglais *Comprehensive and Economic Trade Agreement*. Même traduit en français, cet « accord économique et commercial global » ne voulait rien dire, comme si tout était fait pour que les principaux concernés ne se rendent pas compte qu'ils étaient emmenés à l'abattoir comme nos cochons dans le camion. Le CETA, quatre lettres qui cachaient surtout la douleur et la mort pour nombre de petits exploitants comme nous. Bientôt, ce même *on* annoncerait la signature d'un accord similaire avec l'Argentine et le Brésil. Encore plus de viande qu'*on* déverserait dans nos supermarchés, alors que la consommation diminuait. Pendant qu'*on* fêtait l'accord en sabrant le champagne dans un salon aux dorures étincelantes ou en sirotant une caïpirinha au bar d'un hôtel à Copacabana, un autre *on* se meurt en silence dans nos campagnes.

Deux *on* que tout oppose. Celui impersonnel engoncé dans un costume gris dont la couleur de la cravate est le seul signe distinctif, face au *on* anonyme qui revêt chaque matin sa cotte pour nourrir ses bêtes. Le *on* qui se prétend bosseur parce qu'il traverse les océans en business, confortablement allongé pendant qu'il révise les dernières instructions de Bruxelles, contre le *on* qui se lève tous les jours pour plonger ses mains dans la merde. Le *on* qui dit travailler parce qu'il a passé une nuit blanche à négocier les virgules d'un accord, en opposition au *on* qui fouille une truie avant l'aube pour la sauver avec ses petits. Le *on* dont les revenus sont garantis jusqu'à la fin de ses jours, et peut-être plus si affinités, avec une multinationale grande gagnante de l'accord, en contraste avec le *on* qui survit avec des clopinettes, qui ne touchera pas de retraite, qui ne connaîtra le repos que lorsqu'il sera éternel. Il y a aussi le *on* qui ne s'embarrasse pas de vérifier si les conditions écrites noir sur blanc dans l'accord sont respectées, si les bêtes sont bien nourries sans OGM, si les antibiotiques ne coulent pas à flots dans leurs veines ou si les hormones ne les gonflent pas artificiellement, aux dépens du *on* qui subit des contrôles drastiques, à qui *on* inflige des amendes pour ne pas avoir respecté une norme dont le reste du monde n'a rien à cirer. Le *on* qui se moque de la qualité de la viande, en contraste avec celui qui éclate en pleurs lorsqu'il obtient un 18/20.

Le *on* bureaucratique a-t-il songé un instant aux conséquences environnementales et sociales du transport de cette viande à travers les océans, puis sur les routes de France jusqu'au supermarché du coin ? Ce coût ne se reflète pas sur le prix indiqué sur l'emballage, pas plus qu'il ne donne une idée du nôtre. Le client qui achète un kilo de porc dans la grande distribution à dix euros ne peut s'imaginer qu'à peine un euro nous revient.

Il fut un temps où le commerce permettait au consommateur de savourer des produits étrangers que nous ne trouvions pas chez nous, comme des avocats, du cacao ou de la papaye. Désormais, les accords de libre-échange établissent une concurrence déloyale avec notre propre production. Des produits alimentaires de première nécessité qui manqueront le jour où un conflit ou un virus bloquera l'approvisionnement national. Si *on* souhaitait faire disparaître les petits producteurs comme nous, *on* ne s'y serait pas pris autrement. À quoi bon se battre chaque jour pour garder la tête hors du lisier si *on* ne nous protège pas ?

Ma mauvaise humeur a décuplé lorsque je suis entrée dans le supermarché pour faire quelques courses avant de rentrer à la ferme et que je découvris des melons charentais qui affichaient sans complexe leur provenance marocaine. « Est-ce que ce monde est sérieux ? », chantait avec à-propos Francis Cabrel, qui évoquait l'Andalousie d'où provenaient les grosses fraises espagnoles resplendissantes sur les rayons, alors que les nôtres étaient encore en fleur. Quelques instants plus tard, je me suis reposé la même question en découvrant du raisin sud-africain alors que les premiers bourgeons des vignes françaises sortaient à peine du coton. « Est-ce que ce monde est vraiment sérieux ? » Ah, que j'aurais aimé, comme le taureau de la chanson, charger avec mon caddy ce « pantin », ce « minus », ce *on* non pas vêtu d'un costume de lumière, mais d'un costard Hugo Boss qui négociait et signait des accords commerciaux qui nous saignaient. Et si nous étions, nous les agriculteurs, ce taureau affolé par une cape rouge qui ne sort de l'arène que lorsqu'il a rendu l'âme ?

Au rayon viande, je conclus que ce monde n'était vraiment pas sérieux lorsque je découvris que le gigot d'agneau avait parcouru près de 20 000 kilomètres dans un cargo frigorifié depuis la Nouvelle-Zélande afin de débarquer dans mon supermarché juste à temps pour le repas familial du dimanche de Pâques.

— Non, ce monde n'est pas sérieux, m'exclamai-je en tapant du poing sur le caddy, le fracas métallique faisant sursauter une dame âgée tentée par le gigot néozélandais.

À chaque fois que des accords commerciaux étaient signés, les négociateurs songeaient-ils un instant aux agriculteurs qui crèveraient dans nos campagnes ? À ceux qui se cachent dans une grange pour mourir ?

Aux côtés d'Augustin, je découvrais le revers de la médaille agricole, cette détresse que dissimulait chaque hiver le Salon de l'agriculture où le tapis rouge était déroulé pour accueillir veaux, vaches et cochons qui défilaient en ville alors qu'ils disparaissent des paysages au fur et à mesure que les petites exploitations se mouraient dans l'indifférence. Quelqu'un perçoit-il ce silence des campagnes qui succède au tintamarre d'une moissonneuse-batteuse qui à la fin de l'été cesse de tourner définitivement ? Quelqu'un entend-il cet appel au secours ?

Puis il y eut ce jour néfaste où je crus m'être trompée de profession, que la ferme serait condamnée par ma faute. Je me trouvais à la maternité, comme tous les matins, lorsque je sentis les murs de la porcherie s'écrouler autour de moi, ensevelissant truies et porcelets. J'eus l'impression de disparaître moi-même sous les gravats comme si un tremblement de terre avait secoué sans pitié notre petite île. Je frémis à l'idée que l'un de mes genoux me lâche, voire les deux. De crainte de m'effondrer, je me cramponnai à la barrière métallique, cherchant en vain le réconfort dans les yeux d'Augustin. L'onde de choc l'avait aussi dévasté.

— Comment est-ce possible ?

Il me posa la question d'un regard égaré, comme sur la photo de la classe de neige. Je restai bouche bée, la main posée sur la bouche, incapable d'articuler la moindre explication. Je craignais que je ne fusse la seule et unique responsable du désastre. Une erreur de débutante qui anéantirait dix années d'apprentissage.

C'était un matin d'automne. Des feuilles tourbillonnaient dans la cour et bruissaient en effleurant le sol et les murs, lorsque Patrick, que nous appelions familièrement « l'échographe », fit son entrée à la ferme au volant de sa voiture. Comme à son habitude avant de pénétrer dans la maternité, il revêtit sa cotte bleue, enfila une charlotte pour protéger ses cheveux ainsi que des bottes de sûreté. D'un geste de la main, je lui désignai les dix-huit cases où se trouvaient les truies que nous avions inséminées juste après les moissons. J'étais inquiète. Au bout de trois semaines, j'avais remarqué que certaines d'entre elles étaient à nouveau en chaleur. Elles n'étaient pas toutes « pleines », j'en étais certaine, mais je ne m'attendais pas à une telle catastrophe.

Quelques instants plus tard, lorsque Patrick nous annonça l'ampleur du désastre, j'ai bien cru qu'il n'y avait plus aucun espoir pour la ferme. Debout devant nous, ses mains gantées posées sur un appareil noir suspendu à son cou qui disposait d'un petit écran pour visualiser le ventre des truies, il secouait la tête lentement de gauche à droite. Déstabilisé par notre incrédulité, il vérifia le fonctionnement de l'appareil, remit du gel autour de la sonde connectée à l'écran et reprit l'examen des truies.

— Rien ! confirma-t-il en nous montrant l'écran noir et en remuant la sonde sur le ventre de la première truie. Encore rien, répéta-t-il après la seconde, nous prenant à nouveau à témoin. Toujours rien ! insista-t-il après la troisième.

Ni Augustin ni moi n'en croyions nos yeux. Il n'y avait que du vide.

Le verdict de l'échographe était implacable. Une seule truie sur dix-huit était porteuse. À ces mots, j'eus le tournis. Je réalisai que notre unique source de revenus se tarirait huit mois plus tard. Ma main se resserra instinctivement sur la barrière. Je craignis de perdre l'équilibre tandis que j'effectuai un rapide calcul mental. Un court laps de temps me suffit pour accumuler les soustractions. Je déduisis ensuite le coût de l'alimentation que j'avais renforcée pour ces truies que je croyais gestantes. Quand vous survivez au centime près, le prix de plusieurs kilos de soja gaspillés pèse dans les comptes. J'évaluai rapidement les centaines d'euros perdues, le manque à gagner dans huit mois. J'ai pensé aux factures, aux emprunts, au banquier. J'ai imaginé les huissiers qui se succéderaient à notre porte, ainsi que la tête d'Augustin lorsqu'ils lui auraient remis leur lettre. Mon angoisse était insoutenable.

Mais qu'avais-je donc fait pour avoir obtenu un résultat aussi catastrophique ? Augustin m'avait certes aidée pour les cochettes. Plus vives que les autres, elles tentaient d'échapper à nos mains avec des mouvements aussi brusques que violents. Je préférais me tenir à l'écart de ces jeunes truies de crainte que mes genoux ne se déboîtent à nouveau. L'endroit où nous les inséminions était d'ailleurs plus sécurisé que celui où nous effectuions auparavant les saillies avec le verrat. L'aide d'Augustin était donc bienvenue pour ces truies rebelles, d'autant qu'il était fréquent que leur première insémination se solde par un échec, même si mon mari avait l'habitude de procéder à une seconde insémination douze heures après la première pour réduire les risques. Mais il n'y avait que 6 cochettes sur 18.

Pour les autres, j'étais la seule responsable. Si quelqu'un avait mal géré les inséminations, il n'y avait pas d'autre coupable que moi. J'avais beau repasser au ralenti ces longues heures à la maternité, je ne parvenais pas à trouver ce qui avait « foiré ». Je revis Augustin appuyer ses deux mains sur le dos des truies pour imiter le poids du verrat lors de la saillie. Elles avaient dressé leurs oreilles sans bouger, preuve pratiquement irréfutable qu'elles étaient en chaleur. Je m'étais chargée ensuite d'injecter la dose habituelle. Une tâche qui me prenait à chaque fois beaucoup de temps et d'énergie. J'avais introduit la sonde en plastique dans la vulve, rattachée à une petite poche qui contenait les spermatozoïdes. Avec de légers mouvements, chaque truie avait vidé le contenu petit à petit. Épuisée physiquement par des moissons qui s'étaient éternisées, fatiguée moralement par la comptabilité de la ferme, je n'avais peut-être pas été aussi attentive qu'à mon habitude. Mais comment expliquer qu'Augustin ait lui aussi connu un échec sur toute la ligne ? Les doses étaient-elles périmées ?

Dans ma mémoire, je ne gardais pas le moindre souvenir d'un élément particulier qui aurait perturbé ma procédure habituelle, sauf celui de l'immense fatigue que j'avais ressentie après avoir terminé. J'étais sur les genoux. Et dire que tout ce travail se révélait inutile…

Bien sûr, il arrivait que des inséminations échouent. Parfois parce que je n'avais pas forcément procédé à l'opération avec toute la rigueur nécessaire, parfois pour des raisons qui m'étaient complètement étrangères, comme une ovulation qui n'avait tout simplement pas eu lieu. Des accidents de parcours somme toute assez habituels. Nous perdions une portée, peut-être deux, ainsi qu'un mois de nourriture complémentaire. Rien de grave. La truie quittait alors le quartier des gestantes et nous recommencions dès les chaleurs suivantes.

Mais me tromper à onze reprises, ce n'était plus une erreur. C'était de l'incompétence. Dans huit mois, la ferme percuterait l'iceberg, trahie par mes erreurs répétées. J'avais commis l'irréparable. Je n'étais manifestement pas faite pour ce métier. Dix ans de perdus, de gâchés.

D'habitude, je m'interdisais de pleurer en présence d'Augustin. Je me réfugiais sous la douche pour échapper à son regard. Mes larmes se mêlaient alors à l'eau tiède qui tournoyait à mes pieds avant de disparaître dans les égouts. Mais ce jour-là, j'ai craqué. Je me blottis contre lui. Sa présence était mon seul réconfort.

Quelques jours plus tard, c'est son frère qui découvrit l'origine du mal. Il m'appela une nuit où un vent glacial du nord soufflait sur la ferme. Je me frottais les bras pour me tenir chaud en avançant vers le tas de fumier où il m'attendait. Il se retourna lorsqu'il entendit mes pas.

— Regarde ! Il éclaira le lisier avec sa lampe torche.

Je poussai un cri d'effroi en découvrant un gros rat efflanqué pris en flagrant délit dans la lumière. J'eus le temps d'apercevoir ses dents jaunes avant qu'il ne décampe. Thomas le suivit avec sa lampe et éclaira une scène digne d'un film d'horreur. Pour se mettre à l'abri, le rat s'était réfugié auprès de ses complices. Il y en avait partout ! Des dizaines, peut-être même des centaines. Dans la pénombre, je devinai les mouvements des rongeurs qui couraient dans tous les sens, indifférents à notre présence. Je claquai des dents.

Ces bestioles répugnantes avaient envahi la porcherie. Elles se glissaient dans les murs en laissant traîner leur petite queue derrière elles pour s'introduire dans la maternité. Sur leur passage, elles laissaient des crottes, urinaient où bon leur semblait. Leurs excréments se retrouvaient dans les nourrisseurs où s'alimentaient nos truies, sur la paille où elles dormaient. Comment n'avais-je pas remarqué cette odeur acide de leurs excréments, si différente de celle de nos porcs ?

Ce n'est que le lendemain, quand j'appelai le dératiseur, que j'appris à quel point les rats étaient porteurs de maladies nocives à la fois pour l'homme et pour notre élevage. Ils sécrétaient de la leptospirose, qu'ils transmettaient aux truies à travers leur urine. Ils tuaient ainsi peu à peu la vie, sournoisement. Aucun signe extérieur ne révélait le danger. Mais la leptospirose travaillait en douce. Elle privait les truies d'ovulation.

Grâce à l'intervention du dératiseur, nous nous sommes débarrassés de ce fléau et pendant de longues semaines, nous avons retrouvé des cadavres sur toute l'exploitation. J'enfilais alors des gants en plastique avant de les prendre par la queue en tournant la tête de dégoût. Il m'arrivait de sursauter et de pousser un énième cri d'horreur lorsque la bête n'avait pas encore rendu l'âme et qu'elle recourait à ses dernières forces pour tenter de se libérer. Je la laissais alors retomber lourdement sur le sol.

Malgré l'éradication des rats, je ne me sentis pas plus rassurée pour autant. Le sort de la ferme n'avait pas changé. Quelques mois plus tard, je serais contrainte de prendre le téléphone pour négocier des reports de paiements ou rendre visite à la coopérative pour implorer son directeur afin qu'il ne nous envoie pas les huissiers. Je serais encore contrainte de passer de longs moments à me justifier devant des interlocuteurs qui n'en auraient strictement rien à cirer de ces rats qui nous avaient envahis. Des factures à payer, aucune rentrée d'argent à l'horizon.

Quand le rythme à la ferme revint à la normale, je me suis demandé si les rats ne m'avaient pas aussi joué un vilain tour. Leur apparition avait coïncidé avec ma seconde fécondation in vitro. Elle échoua. Qu'est-ce que j'ai pleuré, tapant de rage contre les murs de la longère ! J'en voulais à la ferme de m'empêcher d'avoir des enfants avec Augustin. Elle était jalouse. Elle exigeait que je lui consacre tout mon temps.

Assise à la grande table en bois de la salle à manger, je me grattais frénétiquement la tête derrière les oreilles comme lorsque j'étais collégienne et que je ne parvenais pas à résoudre l'équation que le professeur avait formulée au tableau. Les chiffres que me renvoyait l'ordinateur étaient trop douloureux. Je crus d'abord à un bug informatique. Je saisis un stylo et une feuille de papier pour vérifier manuellement les comptes mensuels. D'un côté les factures, de l'autre les cochons – en d'autres termes, les revenus.

Il y avait tout d'abord les 3500 euros de charges fixes que nous payions chaque mois, notamment la lourde facture EDF de près de 400 euros. Son règlement était prioritaire. Nous vivions dans la hantise qu'un employé anonyme, dans le confort de son bureau, nous coupe l'électricité du jour au lendemain. C'eût été comme débrancher la ferme, la tuer et l'enterrer. Nous avec elle.

Lorsque je déduisis les frais fixes, je fus saisie d'effroi. Il ne restait plus un sou pour nous acquitter des factures des autres fournisseurs. Rien. Je recommençai mes soustractions avec l'espoir de découvrir une grossière erreur d'étourderie. Mais je savais que je ne m'étais pas trompée, et j'arrivai au même résultat invariable : zéro. Les rats avaient décimé notre production. Je m'y attendais, mais j'espérais que les inséminations qui avaient suivi compenseraient une partie plus importante des pertes. Qu'est-ce qu'il était difficile de jongler avec des revenus qui ne dépendaient pas uniquement de notre travail, qui s'effondraient au moindre imprévu !

À gauche de mon ordinateur, un tas de papiers avec différentes couleurs et logos : les factures à régler. Je pris les feuilles les unes après les autres pour me faire une idée des paiements qui devraient patienter jusqu'au mois prochain. Il y avait le fioul pour chauffer la maison ; la énième réparation de fortune du pulvérisateur qui nous lâchait avec une régularité chronique ; les minéraux et le soja que nous ajoutions aux céréales ; le fer pour les porcelets et les flacons d'ocytocine pour leurs mamans… Tous ces coûts étaient incompressibles, pour reprendre l'expression de notre expert-comptable. Nous ne pouvions passer l'hiver avec notre cheminée comme seule et unique source de chaleur dans la longère. Déjà que nous éteignions le chauffage pendant la journée pour réduire au minimum la consommation… Impossible aussi de prendre le risque de nous retrouver sans ocytocine pour aider les truies à sortir leurs porcelets. Leur perte nous aurait coûté plus cher que les flacons. Il n'y avait guère que nos salaires sur lesquels je pouvais jouer. Mais comme ils s'étaient déjà réduits telle une peau de chagrin, ma marge de manœuvre était pratiquement inexistante.

Si j'avais pu modifier les règles de la comptabilité, j'aurais ajouté une colonne dans nos comptes pour y introduire la valorisation de notre travail. J'y aurais facturé nos journées sans fin. Les nuits blanches passées à fouiller les truies pour en extraire les porcelets. Les longues heures à réparer le tracteur allongé sur le sol du hangar. J'y aurais ajouté le coût humain de l'élevage de porcs ; une estimation du prix de la dépression qui terrassait Augustin ; une évaluation à la louche des larmes que je laissais couler dès qu'il avait le dos tourné ou encore le tarif toutes taxes comprises des humiliations subies à la banque ou à la coopérative. Mais dans ma comptabilité mensuelle, je n'avais aucun moyen de traduire ces souffrances en euros. L'humain n'existait pas.

D'habitude, quand je n'avais pas les moyens de régler les factures, je faisais appel au système D. Je prenais mon téléphone et j'appelais nos fournisseurs les uns après les autres, je leur expliquais nerveusement que je n'avais pas assez de ressources, que je les payerais partiellement dans un premier temps.

— Promis, juré, je vous verserai le solde dès que nous aurons vendu les cochons. Nous aurons bientôt une importante rentrée d'argent !

Je préférais répartir l'argent disponible plutôt que de l'accorder entièrement à un seul prestataire. Au prix de longues heures d'acrobaties mathématiques, je parvenais à établir un système qui me paraissait équitable pour les petits fournisseurs par rapport aux grands. Je crois que cette volonté de ne laisser personne sur le carreau était appréciée. Mais cette fois-ci, je n'avais pas un sou à répartir. Tout le monde se retrouvait sur la paille.

Au bord du désespoir, je commençai par appeler le fournisseur d'inséminations. Je connaissais son numéro par cœur. Avant de prendre le combiné, je me suis demandé comment je parviendrais à le convaincre d'accepter une autre commande alors que nous n'avions pas encore réglé la précédente. Dès que je l'eus au bout du fil, je lui expliquai que je le paierais dès le mois suivant grâce aux rentrées d'argent d'une vente importante de cochons. Il serait prioritaire. Je savais que je jouais mon va-tout. Sans insémination, pas de nouveaux porcelets, donc pas de cochons à vendre neuf mois plus tard. Au final, encore moins d'argent pour en acheter. Il y avait certes la possibilité de recourir à nouveau au verrat, mais la simple idée de nous retrouver à portée de sa gueule me dissuada de le proposer à Augustin dont la cicatrice au bras me rappelait les risques des saillies. À force de reporter les paiements, j'avais appris réellement le sens de l'expression « cercle vicieux ».

Heureusement, notre fournisseur d'inséminations se montra compréhensif. La survie de la ferme était garantie pendant quelques mois. Je posai le combiné. Je soufflai un court instant. Puis, je composai le numéro de téléphone de la coopérative, que je connaissais aussi par cœur, et je recommençai. Oui, un rendez-vous pour un échelonnement des paiements. Oui, vous avez bien entendu. Échelonnement. Non, ce n'est pas un gros mot.

J'épargnais à Augustin tous ces tracas financiers. Il était retranché à la porcherie, à la limite de ses capacités, pour produire plus encore et sauver la ferme. Il livrait une guerre non pas de position, mais de possession, se battant dès le saut du lit pour sauver son héritage. Je faisais tout pour ne pas l'affaiblir. Dès qu'il rentrait à la maison, je rangeais précipitamment les papiers. Au détour d'une conversation, je lui demandais combien de cochons il prévoyait de « sortir » le mois suivant. Il levait les yeux comme pour visualiser les cases et compter les bêtes prêtes à partir. Il me donnait un chiffre, souvent entre 60 et 80, parfois un peu plus.

À partir de sa réponse, je faisais un rapide calcul mental. Je me basais sur le cours du porc breton que j'avais consulté auparavant via une application téléchargée sur mon téléphone. Je passais ensuite des coups de fil aux fournisseurs pendant qu'il se trouvait aux champs. Dès que je raccrochais, je lâchais quelques larmes, puis je reprenais mon souffle et je composais le numéro suivant sur la liste.

La comptabilité révélait une réalité de la ferme qui contrastait avec l'image bucolique que j'en avais avant de devenir agricultrice. Elle ne correspondait pas plus à celle que s'en font les citadins, tentés de nous rejoindre, lorsqu'ils posent pour un selfie devant les bottes de paille sur un champ récemment coupé. Comment ces « néoruraux », puisqu'on les appelle désormais ainsi, qui rêvent d'un retour à la nature, peuvent-ils imaginer la cruauté de la campagne sans connaître nos fiches de paye ?

La face cachée de l'agriculture se traduit en chiffres couleur sang dans les livres de comptes. Ceux que je dissimulais à Augustin pour ne pas l'affaiblir plus encore. Jusqu'au jour où il releva le courrier avant que je n'aie eu le temps de passer à la boîte aux lettres et qu'il y découvrit une mise en demeure de la coopérative. Ce courrier signa son arrêt de mort.

Moins d'un mois s'était écoulé depuis les funérailles d'Augustin lorsque Thomas me prévint qu'un jeune agriculteur du coin souhaitait me parler. Je le connaissais de vue. Il avait repris depuis peu l'exploitation familiale. Mais je n'étais pas d'humeur à rencontrer du monde, encore moins un agriculteur que je soupçonnais d'arrière-pensées en dépit de son jeune âge, le même que le mien. Il tenta sa chance malgré tout, dès le lendemain. Mal lui en prit.

À la ferme, il régnait toujours une douloureuse ambiance de deuil. Je ne pouvais faire un pas sans trébucher sur un souvenir qui m'arrachait des larmes. La disparition d'Augustin m'était insupportable, celle prochaine de l'élevage un calvaire quotidien. Je continuais de nourrir les truies chaque matin et chaque soir en sachant qu'elles ne donneraient plus de porcelets, qu'elles partiraient bientôt toutes dans un camion. J'appréhendais le moment où le silence anéantirait la ferme.

Le voisin connaissait dans le détail les épreuves que je traversais quand il se gara dans la cour. En sortant de sa voiture, il sentit sur son visage le vent d'ouest qui soufflait avec rage. Le ciel était couvert, prêt à lâcher des trombes d'eau sur la région. Les peupliers bruissaient avec force, alertant d'une tempête imminente, celle qui s'abattrait sur lui quelques instants plus tard. Lorsque le voisin entendit le claquement lourd et sec des semelles de mes bottes, il se retourna. Dans son regard apeuré, je devinai la tentation de remonter dans sa voiture. Il aurait mieux fait de déguerpir au plus vite.

Tandis que je me rapprochais de lui, j'ai pensé aux avertissements qu'Augustin m'avait maintes fois répétés : « Le jour où il m'arrivera quelque chose, fais attention : tu auras beaucoup d'amis. »

Cet ami-là esquissa un sourire en me tendant la main. Il avait l'air gêné, fit un petit pas en arrière comme si ma présence l'intimidait. Il se gratta les cheveux avant de prendre la parole.

— Je viens de m'installer et…

Dès ses premiers balbutiements, je compris qu'il n'était pas venu m'exprimer sa solidarité ou me donner un coup de main.

Depuis que la nouvelle de la mort d'Augustin s'était propagée dans les villages des environs, je m'étais retrouvée dans ce qu'un proche surnomma « la fosse aux lions ». Tout le monde se moquait des cochons, mais les 50 hectares de la ferme aiguisaient l'appétit des fauves du coin. Les coups de fil se multiplièrent, les visites aussi. Les « lions » les plus âgés cachaient à peine leurs manigances pour m'effacer du paysage. À leurs yeux, je n'étais qu'une femme, une pièce rapportée de surcroît. Et pour nombre de ces carnivores affamés, je n'étais pas des leurs. Je ne l'avais jamais été.

L'un des « lions » les plus rusés proposa de s'occuper des terres et de me verser un loyer dérisoire de 2500 euros par an, qu'il présenta comme une aide non négligeable à mon retour à la vie urbaine. Un autre me laissa un message intimidant sur mon répondeur : « Tu es une mauvaise personne, tu le paieras un jour. » J'étais une jeune veuve dans un monde d'hommes aux dents longues. J'étais une proie. Mais je ne me suis pas laissé intimider par leur numéro de cirque.

J'avais perdu mon mari. Il avait donné sa vie pour cette ferme. C'eût été de la lâcheté de ma part que d'y renoncer. Une trahison à notre amour, à tout ce qu'Augustin m'avait enseigné. J'avais l'obligation de garder ces hectares pour lui faire honneur, moi qui lui devais tout. C'est lui qui avait fait de moi une agricultrice. Il m'avait longtemps prise sous son aile avant que nos rôles ne s'inversent lors de sa dépression. « Protège-toi : il y a des requins ! » m'avait-il prévenue. Des carnassiers, comme les lions, que je ne craignais pas. À la ferme, j'avais aussi appris à me défendre. Le décès de mon époux m'avait certes fragilisée et ceux qui m'avaient rendu visite à la ferme pour m'exprimer leur sympathie avaient compris à quel point j'étais abattue. Certains d'entre eux ont sans doute cru que je ne parviendrais jamais à me relever, que la période de deuil serait propice à leurs convoitises. Grâce au soutien et aux conseils de mes amis les plus fidèles, j'ai tenu bon.

Dans l'univers impitoyable du monde agricole, c'est trop souvent « marche ou crève ». Il y a ceux qui tombent sur le champ de bataille et ceux qui se précipitent pour le dépouiller, même les plus jeunes comme celui qui se tenait devant moi.

— Non, pas toi ! Comment oses-tu ? me suis-je emportée en le fixant.

Il détourna son regard pour le diriger vers le sol. Il sanglotait. Lorsqu'il redressa la tête, je vis les larmes couler sur son visage. Tandis qu'il abandonnait la ferme, je restai immobile au milieu de la cour, observant le petit nuage de poussière que soulevait sa voiture. Je pensais avoir tout vu, tout entendu. Mais comment pouvais-je imaginer que mon jeune voisin serait capable de se prêter au jeu des « lions » qui rôdaient autour de la ferme ? Comment avait-il osé me parler d'hectares ? Comment avait-il osé m'approcher pour me proposer de reprendre les 50 hectares de la ferme ? Lui, dont le père avait mis fin à ses jours comme Augustin.

Le paradis perdu
(2)

Assise au pied du chêne, la joue appuyée contre son écorce, j'ouvre les yeux avec une agréable sensation, que je croyais perdue à jamais. Largo est à mes côtés, la langue pendante, tournant la tête de gauche à droite, comme s'il montait la garde. Le soleil s'approche de l'horizon, au-delà des champs labourés. J'ignore pendant combien de temps j'ai dormi. J'ai le souvenir d'une éclaircie qui a vite succédé à l'averse, d'un rayon de soleil encore chaud pour la saison qui a caressé mon visage. Le murmure du brise-vent s'est éteint. Je me suis assoupie. Mais je crains qu'en continuant de me rafraîchir la mémoire, j'en oublie l'essentiel : ce qui s'est passé pendant mon sommeil.

Pour la première fois depuis la mort d'Augustin, j'ai fait un rêve. Je croyais que plus jamais je ne connaîtrais ce bonheur, qu'ils avaient tous été anéantis par le deuil, écrasés par la ferme, déchirés par le banquier, déchiquetés par les cochons, dévorés par les lions des environs. J'en avais perdu mes nuits. Je me couchais dans la crainte des cauchemars, de retrouver dans mon sommeil les monstres qui m'avaient condamnée à vivre sans mon Augustin. De longues heures d'insomnie, avant de capituler juste avant l'aube. Mais le sommeil n'avait rien de réparateur. Il me tourmentait.

Dans mon rêve aux côtés du chêne, j'étais une grand-mère de plus de 90 ans. Mes petits-enfants étaient assis en tailleur autour de moi sur le parquet en bois de ma maison. Au coin du feu, je leur racontais la magnifique et inoubliable histoire d'amour que j'avais vécue à la ferme. Je leur confiais à quel point nous avions été heureux avant le naufrage. Un chandail sur les épaules, je revenais sur ces dix années qui avaient fait de moi une agricultrice. Je m'éclaircissais la voix et commençais par le récit de la première nuit où j'avais suivi Augustin jusqu'au bout du monde, puis je piochais dans la grande malle posée devant moi où j'avais conservé les affaires de mon époux. Je sortais tour à tour sa cotte, son blouson en cuir, son bandana de Renaud, sa chemise bleu marine, son parfum… À chaque fois, je racontais une anecdote qui émerveillait les petits-enfants. Mais je leur épargnais le récit de la dernière journée, celle où l'exploitation s'était tue. Comment raconter le silence insoutenable qui s'était ensuivi ? Même en rêve, c'est impossible.

Que restera-t-il de ces dix années lorsque j'aurai 90 ans ? Des souvenirs merveilleux, c'est certain. Beaucoup de larmes, beaucoup trop. Un métier, aussi. Celui que m'a appris l'homme que j'ai tant aimé. Sans cette passion que j'ai éprouvée pour lui dès le premier regard, cette histoire n'aurait eu aucun sens.

Je me relève. Je frotte mon pantalon pour me débarrasser des brindilles qui se sont accrochées à moi. La main appuyée contre le tronc, je contemple la ferme qui m'a pris mon mari, qui a bien failli m'emporter avec elle si une bonne âme n'avait pas trouvé les mots justes pour éviter que je ne mette moi aussi fin à mes jours. Cette traîtresse qui m'a forcée à vivre pour elle, rien que pour elle. J'ai été sa prisonnière, son otage. Elle ne m'a libérée qu'en échange de la plus cruelle des rançons : la vie de mon mari.

Mais maintenant que mes chaînes sont brisées, je suis perdue. Il me manque Augustin, que j'ai aimé plus que tout. La ferme aussi, malgré tout le mal qu'elle m'a fait. Ils étaient tous deux un tout : ma raison de vivre.

La ferme m'a arraché mon mari, la loi les embryons congelés dont elle ordonna la destruction après son décès. Une date était pourtant prévue pour une implantation, mais la mort a tout fauché sur son passage. Je regretterai toute ma vie de ne pas avoir obtenu un rendez-vous plus tôt à l'hôpital. Si j'avais été enceinte, j'aurais gardé mon enfant, mon mari peut-être aussi. Mais ce combat, je l'ai perdu. La quatrième génération ne jouera jamais dans la cabane qu'Augustin leur aurait construite sur le chêne.

Je fais quelques pas, me ravise et me retourne pour jeter un dernier coup d'œil sur l'arbre, comme si je lui faisais mes adieux. Le coucher de soleil m'éblouit. Le ciel est flamboyant, d'un rouge intense comme souvent après une averse. Je recule de quelques pas pour profiter du spectacle. Le chant des mésanges rompt le silence et je ressens des frissons lorsque je comprends le message que m'a transmis le chêne centenaire. Je suis en vie. Il est temps que je l'accepte.

De mes années à la ferme, je conserve précieusement ma profession, comme des bijoux de famille. Je ferai tout pour ne pas en être dépossédée, pour la garder en héritage et peut-être aussi l'enrichir. Un jour, qui sait, j'achèterai peut-être quelques hectares. Ce serait un formidable retournement de l'histoire. Aux yeux des autres agriculteurs, je deviendrai peut-être une des leurs… Tout est dans ces trois petits points.

En attendant, j'ai rejoint les rangs de l'association Solidarité Paysans, pour aider les agriculteurs en détresse. Je leur rends visite, j'écoute leurs histoires qui me renvoient à la mienne. Je leur donne des conseils. Si le partage de mon expérience évite que le sang coule encore dans nos campagnes, ma peine s'apaisera avec le temps.

Remerciements

Un jour, quelqu'un d'important m'a confié : « On dit merci aux gens quand on n'a plus besoin d'eux… »

Je ne vous dis pas merci, car j'ai encore besoin de vous !

Kévin. Ma famille. Mes plus proches amis. Valérie. Noëlle, Delphine et Antonio, sans qui mon aventure n'aurait pu continuer. David, mon photographe.

Pour ces mêmes raisons, Antonio Rodriguez, co-auteur, ne dit donc pas merci à Camille pour sa confiance et pour avoir accepté de partager avec lui ses années à la ferme, pas plus qu'il ne remercie Denis Jossaume, agriculteur dans la Manche, et son compère David Cruet, pour l'avoir aidé à découvrir et comprendre le monde de l'élevage de cochons.

Table

MIXTE
Papier issu de
sources responsables
FSC® C003309

L'Éditeur de cet ouvrage s'engage
pour la préservation de l'environnement
et utilise du papier issu de forêts gérées de manière responsable.